U0170320

邢立达恐龙手记

足·迹·篇

邢立达 著

中信出版集团 | 北京

图书在版编目（CIP）数据

邢立达恐龙手记. 足迹篇/邢立达著. -- 北京：中信出版社，2020.12
ISBN 978-7-5217-2219-2

I. ①邢…　II. ①邢…　III. ①恐龙－普及读物　IV. ①Q915.864-49

中国版本图书馆CIP数据核字（2020）第170064号

邢立达恐龙手记：足迹篇

著　　者：邢立达
出版发行：中信出版集团股份有限公司
（北京市朝阳区惠新东街甲4号富盛大厦2座　邮编　100029）
承 印 者：鸿博昊天科技有限公司

开　　本：787mm×1092mm　1/16　　印　　张：15.75　　字　　数：180千字
版　　次：2020年12月第1版　　印　　次：2020年12月第1次印刷
书　　号：ISBN 978-7-5217-2219-2
定　　价：88.00元

献给所有喜欢追踪恐龙

以及古生物的大朋友和小朋友们

CONTENTS

第三章　白垩纪——万龙奔腾

重庆綦江莲花保寨足迹点，不仅地面上有，就连岩壁顶上也能看到恐龙足迹
（邢立达/摄影）

翼龙足迹的造迹者（张宗达/绘图）

推荐序

立达是我的好朋友，是我在科学界最喜欢的同行之一，毫无疑问，他是中国最优秀的恐龙足迹专家。老实说，他不仅是中国当今的恐龙足迹研究第一人，也为中国恐龙足迹研究领域做出了前所未有的贡献。他在中国古生物学界的足迹研究者中，称得上是这代人的领军人物，在世界舞台上也同样光芒四射。为钻研足迹化石，立达几乎踏遍了中国的每一个省份，北至黑龙江、南至云南、东至山东、西至新疆和西藏，恐龙时代里每一个地质年代（三叠纪、侏罗纪和白垩纪）的足迹他都能如数家珍。浴缸大小的雷龙足迹和麻雀大小的小型肉食性恐龙足迹都逃不过他的眼睛。除了恐龙，他还探究过许多鸟类和翼龙的足迹点，甚至对两亿多年前畅游于浅海的奇特三叠纪爬行动物足迹也有涉猎。

二十多年前，我第一次来到中国研究恐龙足迹。当时的立达还只是十几岁的少年，但他已经对恐龙产生了浓厚的兴趣，著名恐龙专家董枝明也对他青眼有加。虽然一般是学生寻觅良师，但董枝明先生当时就带着这位能力出众的年轻人野外工作，并支持他建设恐龙网站。不久之后，我就在科罗拉多大学的办公室里收到了立达的来信，他询问我能否提供有关一些恐龙足迹的科学论文。当时还不是PDF（便携式文档格式）文件流行的时代，我只能打印出一大堆论文，用老办法，把论文装进信封邮寄出去。当时的我怎么也不会想到，到了2010年，我们会成为朋友和同事，携手撰写百余篇论文，辗转中国各地寻找足迹。

我和立达一起去了四川的竹海，研究了中国最长的兽脚类行迹。我曾拽着登山绳挂在悬崖峭壁，只为一睹完美的三叠纪足迹。立达为此向我介绍了知名的登山家刘建，他征服过各大洲的最高峰，也探索过南极和北极，他还于2008年在自己的故乡成都担任奥运火炬手。刘建热爱古生物学，有这样一位专业登山家协助，攀登险峰再也不是难事。

2012年，立达组织了綦江国际恐龙足迹研讨会，广邀世界各国专家共聚一堂，其中包括多名加拿大古生物学家，他们都在立达攻读硕士学位时与他合作过。他还邀请到了德国、瑞士、波兰、西班牙和美国的国际专家。在研讨会的一个月里，我们一道研究了山东的几个足迹点，以及以翼龙和恐龙足迹闻名的綦江莲花足迹点。这个足迹点是綦江国家地质公园里一处13世纪的山寨，拥有典型的史前和古代景观，现在则成了一处科普教育基地。立达这样的恐龙追踪者始终致力于将重要的化石点建设成地质公园和旅游胜地，进而推动公众教育。西方人经常感叹中国的飞速发展。此言不假，而且，在我看来，中国人保护古生物资源和促进国际科学合作的努力同样令人由衷敬佩。例如我们研究过的北京延庆足迹点已经变成世界地质公园，并拥有一处世界遗产。

在此，我也要谈谈自己和立达以及各国同事的工作经历。既然本文是为立达的新书作序，那我就必须以古生物学家的身份来评价他，我欣赏他的聪明、敬业、勤奋和对科研的巨大热情。大众都对古生物充满好奇，而立达擅长撰写妙趣横生的科普文章。这一点的意义并不亚于在专业学术期刊上发表文章。立达也非常擅长与人相处，浑身都是幽默细胞，我所有的欧洲同事和他合作时都笑语不断。我们都说："跟立达合作的时时刻刻都充满乐趣。"

尽管我居住在"新大陆"的科罗拉多州，但我的故乡是"旧大陆"的威尔士和英格兰。能够为了研究足迹而四处旅行是我的一生之幸。立达和我有着共同的人生哲学，我们都信奉只有多多亲自观察和研究足迹，才能成为优秀的恐龙追踪者。我们都说过："最出色的恐龙追踪者一定是亲眼见识过最多足迹的人。"据我所知，立达观察和研究过的中国恐龙足迹超越了所有同行。我们一起研究了一百多个足迹点，发表了百余篇论文。在不间断访问中国的十余年里，我和立达留下了数不尽的美好回忆。每每来到中国，我就如同回到了"旧大陆"，著名的丝绸之路将亚洲与我故乡欧洲连接在一起。这条道路上遍布足迹，无论是北京附近、华东还是西部都有数不清的宝藏。我曾在黄河中洗去野外工作一整天的尘埃，那感觉令人难以忘怀。我也曾在四川的群山中聆听"旧大陆"布谷鸟的鸣叫，与我儿时在威尔士记忆如出一辙，山东的翠鸟和甘肃高飞的红嘴山鸦同样赏心悦目。

这些美好的回忆连接起了如今的恐龙（布谷鸟、红嘴山鸦和翠鸟）与中生代的远古生物。我们研究过史前鸟类的足迹，将它们与一亿年前的足迹进行比较。这就是我们口中的"永恒之路"。在无数个世纪中繁衍的一代代生命，它们留下的足迹成为数亿年的见证。我刚刚开始研究恐龙足迹的时候，立达尚未出生。而在我走完这一生之后，他还有许多年的光阴为足迹研究而奋斗。这就是人类的世代传承，也是科学和文化不断演进的基础。我只能说一点儿中文，但立达和我有共同语言：足迹和友谊。足迹是烙印在丝绸之路和全世界岩层上的标志，是通往远古的大门。我们撰写科学论文、发表照片、绘制恐龙足迹、解读恐龙在史前时代的行为，这一切都是为了在文化中留下科学的足迹。

这本书引人入胜，绝非枯燥的科学记录。顶尖的中国恐龙追踪者在书中将自己的经历娓娓道来，让读者可以从中领略到古生物学领域后起之秀的人生道路。一书在手，足不出户就能体验踏遍中国的精彩科学大冒险。立达堪称古生物学界非同寻常的“现象级人物”，我满怀欣喜地看着他和他的家人不断地成长。在我这个“爷爷”的眼中，立达算是我孩子辈，在我们这个“追踪恐龙的大家庭”中，他要叫我老爹或爷爷了。我们身处同一本家谱中，一本由世界级专家撰写的家谱，古生物学家和科学史学者都会需要阅读这本书。我曾经对立达说过，我出生于圣帕特里克节，或许就有了“追踪恐龙星”的保佑，他说：“我也是！”他同样出生于一个节日，也会有幸运的“恐龙星”的保佑。这对读者来说自然也是一个好兆头。祝各位探险之路愉快。

马丁·洛克利

美国科罗拉多大学丹佛分校地质学教授

自序

古生物学，有意思吗?

古生物学，有意思吗?

“这个职业，是让你一辈子随时都可以在泥坑里，光明正大地玩的职业哦！”这是我的老师曾经给我的回复。

还有一个故事。

2011 年 7 月 30 日，网上一位陌生的朋友说了件趣事：在英文课上，他问了来自威尔士的老师一个问题：“你大学毕业后的第一份工作是什么？”“考古！”他的老师回答道。朋友一听就乐了，说：“那很神奇，很浪漫啊！”老师也笑了笑说：“下雨的时候很糟糕。”后来，这位威尔士的老师去了微软研究人机对话，之后又来到中国教英语了。

我看完这个故事，告诉这位朋友，你的威尔士老师其实是在宽慰你呢。让他离开考古的绝不仅仅是下雨，考古也好，古生物也罢，我们在野外碰到的糟糕事很多，塌方、泥石流、野猪围攻、毒蛇、蜈蚣、匪徒和暴乱……

很多事情只有发生在自己身上时，你才能真正体会其中的滋味。虽然那些糟糕事在我身上留下了伤痕，当岁月流逝，我最终记得的却只有其中的神奇和浪漫。

对古生物学的痴迷让我无法自拔，也曾经多次被朋友或媒体问及这是源于何种动力。是什么让我甘愿放弃原本稳定、轻松的工作，在许多古生物学专业的学生纷纷“外逃”转行的时候，却一门心思往这一极冷门的艰苦行当里面钻呢？

我想最开始应该只是因为好奇，那些让人匪夷所思的史前巨物，点燃了当时还是幼儿园孩童的我的热情，让我想去揭开挡在前面的神秘面纱。长大一点儿的时候，我做了一个网站，把我的热爱写进了每一条新闻、每一份恐龙档案和每一次考察实录中。数年过后，成绩斐然。但此时另一个问题一直困扰着我，那就是我越来越不满足。我知道自己对整个古世界而言，只是一名旁观者，至多只是一名做得比较好的旁观者。

但是，我想成为其中的一部分。

于是，我真的走进了古生物研究的队伍。一有时间，我便投入到自己心仪的研究中去，后来因缘际会又到了国外深造。不过，我这种非科班出身的古生物学者在前进的道路上也不止一次遇到阻碍，甚至几度产生了退出的念头。但我终究还是坚持了下来，这是为什么呢？

我冷静下来，不断地回想我当初钻入此行的缘由，却一直没有找到答案。

一天，我回头看着我的导师就连午休时间都在泥坑里挖化石的背影。这位恐龙的狂热粉丝，不酗酒、不抽烟、不惹事，从来不顾他人困惑的目光，一心专注于自己的研究，对一个难以解开的谜题抽丝剥茧，一步一步逼近恐龙之谜的真相，几十年如一日，竟毫无疲态。

古生物学何尝不是这样？对于那些绝对不可能重现的史前动物，我们仅有一批对古世界而言万中取一、极不完备的化石记录，有的化石还

是如此残破，所以即使我们竭尽全力也不可能彻底得知真相，尽管如此，却总有些人在为这个期待中的、可以无限接近真相的目标努力着。希望就在前方，却没有抵达彼岸之时，留给我们的是在这条道路上艰难前行，不断体味生命的奇迹与感动。这份永恒的魅力难道不足以让我为之奋斗终生吗？

于是，有了答案的我继续跋涉在科研的道路上，现在，未来。

引言

恐龙追踪术

我们被称为“追踪者”，运用的是濒临失传的“追踪术”，只不过追踪对象是恐龙。

育空地区（Yukon Territory）位于加拿大西北部，约有1/10在北极圈内，也是北美洲唯一有公路可进入北极圈的省份。此地的夏季长3个月，日照却能持续不断，被称为“午夜阳光地带”；不过，这里依旧处于亚寒带气候的肆虐之下。

虽说是公路，但由于年久失修加上恶劣的气候，路面已然“跌宕起伏”。我坐在路虎车上，慢慢给雷明登M700猎枪的弹仓填装着子弹，7.62毫米口径的猎枪能确保我们在遭遇野生动物突袭时拥有最后一道防线。不过，我身边的“探险家”们早已兴奋莫名，他们更应该被称为探险客，身上披挂的都是顶级户外用品，大脑里却全无野外知识。

车窗外的山地，超过八成是茫茫针叶林与冻土带，从数千年前的猛犸象时代到现在，这里一直是野生动物的乐园。配上塔臣施尼与阿尔塞克这两条北美最恐怖、最狂暴的河流，大家得出结论：育空一游，是你一生的终极冒险。

我以追踪术向导的身份来到这里，将与因纽特野外向导一起，带领这些探险客在育空地区徒步冒险，追踪可以合法狩猎的动物。

我不是传统的猎户，也不是特种部队的丛林专家，而是研究恐龙足迹的人。因缘际会，我在极地考察中认识了几位原住民，这些被称为“第一民族”（First Nations）的朋友向我传授了很多教科书上没有的追踪经验，最后我顺利通过了他们部落的“毕业考试”——用了 7 天时间，成功追踪到一只落单的驯鹿。

技巧并不复杂，与“世界上没有两片完全相同的叶子”同理，世界上也没有完全一样的人或动物脚印，脚趾、脚板和脚跟的形状以及脚印的深浅都各有差异。从动物脚印中，我们可以轻易分辨出造迹者属于草食性或肉食性走兽，前者的脚印基本是半月形，后者的则是四爪形。脚印的深浅直接反映动物的体重，脚印的方向显示动物的行踪，连续出现 4 个以上足迹就可以推算出动物的腰高、奔跑速度，并可以推测出动物当时的状态：受伤、漫游、奔跑、格斗、独处、求偶、觅食，等等。把握住初始足迹的特点之后，便可以不断追踪下去。当然，在此期间你需要把自己隐蔽起来，整个追踪过程都要保证自己处于下风处，警惕背后的“黄雀”，还要设法与周围环境融为一体，最大可能地淡化人体轮廓，各种迷彩服的发明便是为了达到这个目的。

最早追踪恐龙足迹的人，可以追溯到大洋彼岸的美国亚利桑那州东北部，那些平顶梯形城堡的主人——霍皮人。霍皮人的祭司穿着画有三趾型恐龙足迹的围裙，手里拿着蛇，扭动着跳起蛇舞。另外一些印第安人则把巨大的恐龙足迹直接当成儿童浴盆，想象一下那些头上插着羽毛的小宝贝们坐在宽 1 米有余、深约半米的恐龙足迹中戏水，该是多么有趣的场景啊。

近代追踪恐龙的代表人物是我们非常熟悉的柯南 · 道尔。1909 年，道尔在他家附近发现了一些奇怪的足迹，这可把他乐坏了。他马上邀请伦敦自然史博物馆的专家前来鉴定，最终将其鉴定为“禽龙足迹”。这种利用足迹的趾数、趾型、与恐龙骨骼的对比等的抽丝剥茧式的“破案”方式，深深吸引了这位福尔摩斯之父。后来，道尔还自费举办了“禽龙足迹展”，撰写了《失落的世界》一书，并在该书封底画上了他发现的那些足迹。

1929 年，我的“太师公”、中国古脊椎动物学的奠基人杨钟健先生（1897—1979）携中国地质调查所新生代研究室（中国科学院古脊椎动物与古人类研究所的前身）成立之锐气，与法国古生物学家、地质学家德日进一道，在陕北神木东山崖晚侏罗世地层中发现了禽龙类足迹，这是中国首次发现恐龙足迹。

这些距今上亿年的足迹成就了一门叫作“古足迹学”的新兴学科，这是一门由“脚丫子”创造出来的学科。于是，那些遗留下来的史前幸运足迹成为近年来古生物学家热衷的研究对象。你或许心存疑惑，我们不是已经有恐龙骨骼化石了吗，还研究足迹做什么？其实，恐龙足迹具有骨骼化石无法替代的作用，骨骼化石保存的仅是恐龙死后的那些支离破碎的信息，但足迹保存的却是恐龙活着时候的精彩瞬间！恐龙足迹不仅能反映恐龙自身的生活习性、行为方式，还能解释恐龙与其所处环境的关系，这些都是古生物学家梦寐以求的宝贵信息。

从 2007 年开始，我便在华夏大地上追寻恐龙的踪迹，遇到过许许多多学识渊博的老师、惊人的化石记录和有趣的伙伴。随着国内各恐龙足迹群的陆续发现，中国的恐龙足迹研究已经日新月异，正向着国际先进水平逼近。在不远的将来，根据足迹化石位置绘制的恐龙分布图与骨骼记录分布图重叠在一起，或许就可以投影出中国恐龙时代的全貌。这本书记录的正是在这个史诗般的大发现历程中，一些令人难以忘记的闪耀瞬间。

不同门类的恐龙留下差异颇大的足迹（邢立达/供图）

第一章

三叠纪
——迷雾重重

1.1 手兽的神秘派对

1.1.1 牛场鬼手印

1988年5月下旬，贵州正值春暖风和之时，但有时也会出现“倒春寒”。一队来自贵州省地矿局区域地质调查队的地质工作者，正在黔西南地区进行岩相古地理研究工作。一般来说，他们要通过沉积物中岩石的特征来推断其古地理环境，因此这些考察队员对一切暴露的岩石都特别上心。

一天晚上，区调队的王雪华和马骥来到贞丰县牛场乡（现北盘江镇）上坝村借宿，闲来无事便与老乡闲聊起来。老乡对这些拿着锤子、挂着罗盘的年轻人十分热情，以为他们是在为祖国找矿找石油——多好的小伙子啊。闲聊中，一位老乡突然想起了一件诡异的事情。

“我说，钳子（当地方言，指小伙子），你们懂得多，能不能请你们帮着看看，我们村后头那些鬼手印是咋的回事？”老乡冷不丁冒出这句话。

“鬼手印？”王雪华两杯米酒下肚，以为自己听错了。

“是啊，五个指头！和人手一模一样，但印在石头上！”

“这里的小孩都是听着鬼手印的故事长大的！若是不乖，鬼便拍一个手印在他们脑门上！”

老乡们七嘴八舌地介绍起来。

“那咱们看看去。”王雪华拉起马骥，在老乡的带领下，打着火把，

晒谷场上的“鬼手印”（邢立达/摄影）

没多大一会儿就来到村后头的晒谷场。月光下的晒谷场白花花一片，地面上隐约有蜘蛛网似的纹路。

职业习惯使然，马骥随手抄起腰间的地质锤，咣当一下砸崩一块石头，摸一摸，舔一舔，“嘿，这是典型的泥质白云岩呢！”白云石是一类碳酸盐矿物，一般来自海相沉积物。

“那这些便是泥质白云岩露出水体之后，因过于干旱而形成的泥裂……”王雪华蹲在地上，借着火光仔细端详着。话音未落，他浑身猛然哆嗦了下，只见手指末端，出现一个灰黑色的大手印，看起来和自己的手简直一模一样，深深地陷入岩石中！大手印尖尖的指甲，在跳跃的火光中，竟然显得有些恐怖。

这是哪里来的大力神掌！还不止一个，好长一串！是化石吧？可那时候这里是海洋啊，哪来的陆地动物？

一时间各种想法涌上心头，王雪华抬头看了看马骥，发现马骥也呆住了。

但不管怎么说，这些肯定不是什么“鬼手印”。

“这可是一个大发现！”王雪华和马骥异口同声地说，“这是化石！”

化石？老乡觉得奇怪极了，这比本就很奇怪的“鬼手印”更令人摸不着头脑。

王雪华解释半天，老乡们才明白这些鬼手印竟然是距今2亿多年前，某种动物留下来的脚印！

次日，考察队聚齐人马，对已经暴露出来的脚印化石进行了详细的测量。足迹共有3串，虽然暴露在外30多年，但品相依然完好。其中最大的足迹长25厘米、宽17厘米，单步长52厘米，复步长98.5厘米。

回到地矿局，王雪华等人开展了后续研究，发现这些足迹与手兽足迹非常相似，应该是某种恐龙留下来的。而且，据推测，这些足迹主人的臀高约1米，身长约3米。这样的体型与其他同类相比，虽然仅相当于中等身材，但作为在中国南方发现的三叠纪的爬行动物，在当时当地也属于大型动物了。

王雪华等人敏锐地意识到，遗迹化石发现点地处贵州西部旅游点、线范围内，北邻安顺龙宫和黄果树瀑布风景区，南接贞丰大碑石林，西南与安龙十八学士墓相通，交通方便，可以建成贵州西部旅游线上的一个别有风情的地质旅行点。遗憾的是，在那个国民经济尚不发达的年代，王雪华等人的研究成果与呼声并没有引起应有的重视。

不过，手兽足迹真的是恐龙留下来的吗？

这值得我们追根溯源，了解一下手兽足迹的历史。

1.1.2　大洪水的罪人与手兽

“二月十七日那一天，大渊的泉源都裂开了，天上的窗户也敞开了。四十昼夜降大雨在地上。……水势在地上极其浩大，天下的高山都淹没了。……凡在地上有血肉的动物，就是飞鸟、牲畜、走兽和爬在地上的昆虫，以及所有的人都死了。”

这是《圣经·创世记》里的记述，在这场大洪水的肆虐下，除了挪亚一家八口和藏于方舟内的动物得以幸免之外，洪水淹没了地上的一切山脉、丛林和活物。刹那间，狂风巨浪铺天盖地而来，可怜的人类在巨浪中挣扎……

这段生动的描述在18—19世纪多次成为自然科学家用来解释古生物化石的撒手锏。其中一个最著名的插曲发生于1726年，瑞士自然科学家、医生余赫泽将一具化石视为《圣经》中大洪水时期“有罪俗人”的遗骸，还将其命名为“人·洪水·见证者”。这具化石发现于瑞士埃宁根中新世湖相沉积褐煤层，长约1米，有着一个大大的脑袋，看上去确实有点像人类的孩童。直到1811年，这一错误才被法国解剖学家与动物学家居维叶纠正过来。原来，这具化石属于与人类相差十万八千里的蝾螈。

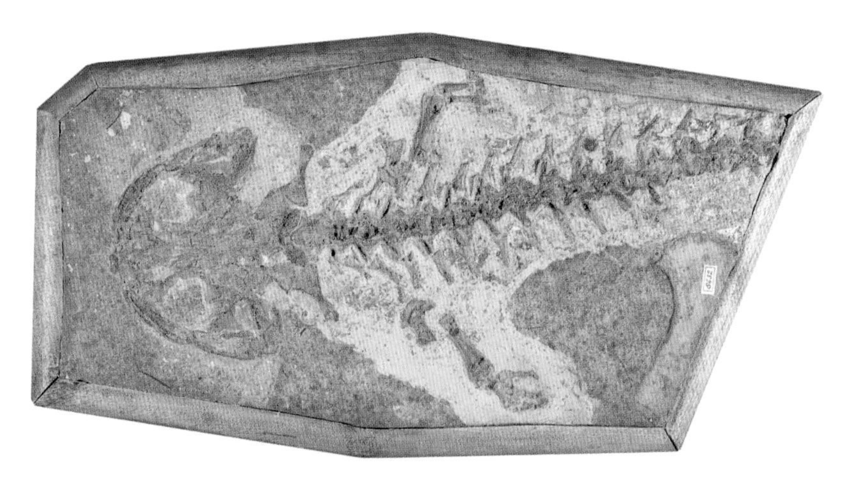

“人·洪水·见证者”化石（荷兰泰勒斯博物馆/供图）

这个故事可能过于经典以至于掩盖了一些并不那么著名的发现。在洪水中死亡的当然不仅仅是蝾螈，还有大量的人类呢！当时的学者对此

早期发现的手兽足迹化石（迪亚斯-马蒂内/绘制，2015）

坚信不疑，那么证据呢？骨骼不好找，不是还有印痕吗？早在18世纪，人们就发现了不少印痕，它们的形态很像人的手掌——前面4个向前伸的趾分别像人的食指、中指、无名指和小指，而后面横着的则好像人的拇指。这些“手印”在地面上形成了道道行迹（行迹通常由三个连续足迹组成，在少数情况下，确凿的两个连续足迹亦可），或乱七八糟地印在大石头上。这分明就是大洪水泛滥时，“罪人”们在泥泞的土地上痛苦爬行的印记啊！

1833年，在德国图林根州南部希尔德堡豪森县一带发现了一批奇异的足迹，发现者是斯卡拉与巴思等人。这些人算得上德国产业革命时期的社会中坚力量。斯卡拉是该县中学的校长，也是知名的考古学家和埃及文物学家。巴思是一位知名的艺术家、铜雕师，爱好科学与文学。他们在县城附近的赫斯布格地区一处距今2.51亿—2.45亿年前的上二叠统至下三叠统砂岩上，发现了一批足迹。他们自然不相信这些足迹是大洪水中罪人的手印，于是第二年斯卡拉公布了这个发现，希望热衷于此的学者可以共同参与研究。

不负斯卡拉所望，学者考普前来考察足迹并诧异地说，它们看上去就像“一名大汉戴着厚实的兽皮手套”！1835年，考普描述了这些怪异的足迹，并将其命名为巴氏手兽，希腊语意为“手之兽”，也就是手兽足迹（*Chirotherium*），种名赠予其发现者之一巴思。

如果这个“大手套”单纯像人手也就罢了，让人困惑的是，那个横向的“拇指”竟然怪异地位于足迹的“外侧”！这显然不符合现生陆生动物的生长习惯，只要一低头，我们就能看到自己的拇指（趾）是长在手脚内侧的。于是，这一困惑引起了学界长达170多年的争论。

1838年12月，英国利物浦的一位名叫坎宁安的建筑师致信伦敦地质学会，说他在威卢市伯肯黑德附近的士多顿采石场发现了类似手兽足迹的足迹。此后，英国又陆续发现了一批手兽足迹，它们基本都分布在柴郡的三叠系砂岩中。越来越多的手兽足迹的发现，表明地球上确实生活过这样一批奇特的动物。

最初，地质学家认为这些“手印”属于早期类人猿或古人类，但这个结论显然与距今2.4亿年前的地质年代不符。1842年，著名解剖学家欧文认为这批足迹为迷齿类（一类原始的两栖类，因为牙齿的釉质层在横切面上呈迷路构造而得名，又因它们的头骨结构坚固而被称为坚头类，代表物种是鱼石螈）所留，并十分肯定地认为这个奇怪的趾是个正常的内侧趾，只是因为动物在行走时左右脚交叉行走，所以把左脚的印迹留在了右边，而将右脚的印迹留在了左边。1855年，著名的地质学家、地质学的奠基人莱伊尔表示支持欧文的观点，将手兽足迹复原为一种类似巨型蟾蜍的两栖动物。1889年，古生物学家豪威尔也指出这些足迹是大型的两栖动物所留。

1914年和1917年，沃特森与沃尔特先后提出手兽足迹是由某种原始的恐龙留下的，后者还指出这个外侧趾是长在脚外侧的一个增生的肉瘤，类似于六趾的先天性畸形。接下来，各路专家发挥他们天马行空的想象力，造迹者曾被推测为恐龙、巨猿、熊、鳄鱼、有袋类……这些争论不休的学者达成的唯一基本共识是：这些造迹者具有一个与其余4趾相对的外侧趾。直到1925年，德国科学家泽格尔将手兽足迹与南非的假鳄类化石联系起来，才让这个诡异的“拇指”之谜有了破解的希望。

假鳄类又称伪鳄类，是主龙型类中的两个主要演化支之一。它们是一类身体结构比较轻巧的肉食性动物，头骨狭长，有一对眶前孔，开始具有两足行走的趋势，体长一般从35厘米至8米不等。它们出现于早三叠世晚期，到中三叠世晚期成为陆地上肉食性动物的优势族群，全盛于晚三叠世。如今的鳄鱼类便是假鳄类这个古老的大家族中仍然存活的物种，但这两者并不太像，比如它们的趾头数量不同。根据化石与足迹分析，假鳄类——至少是手兽足迹的造迹者——的前肢有5指，后肢亦有5趾，而鳄鱼则是前5指后4趾。

泽格尔指出，假鳄类的足部长着外侧趾，而不是“拇指”，也就是说，“拇指”其实是一个变化了的外侧趾。因此，手兽足迹的造迹者无须左右交叉行走，就可以留下“外翻拇指”的足迹。

然而，由于当时学界对槽齿类或假鳄类的研究都不够深入，以至于泽格尔一直找不到一个合适的古动物属来作为手兽足迹造迹者的候选者。但是，泽格尔的判断获得了不少学者的支持，在之后的许多年里，大家找出了许多可能的手兽足迹造迹者，但没有一个完全符合泽格尔提出的所有重要特征。

直到40年后的1965年，瑞士古生物学者克雷布斯找到了这个候选者——著名的铁沁鳄（*Ticinosuchus*）化石，它在各个方面都满足泽格尔预言的特征。铁沁鳄属于假鳄类中的劳氏鳄类，长约3米，身体细长，背部和尾部披挂着骨质甲片。它看上去有点儿像长腿的鳄鱼，却生活在陆地上，以捕食其他动物为生，生活在中三叠世的欧洲今瑞士提契诺河流域。

不过，尽管如此，“手兽足迹的造迹者就是铁沁鳄等劳氏鳄类或假鳄类（镶嵌踝主龙类）”的观点，目前尚未完全得到承认，还有学者坚持认为是兽脚类或原蜥脚类留下了这些足迹。因此，该造迹动物头上的神秘面纱并没有彻底揭开，这依旧是古生物学者的一个“圣杯”，值得进一步探讨。

铁沁鳄在吞食沙滩上的鲎（迪德里希/绘制，2015）

目前，全球范围内的手兽足迹都保存在三叠纪地层中，而且以中、上三叠统为主，有学者认为下三叠统中也有分布。化石则以欧洲国家发现的为多，比如德国、英国、法国、西班牙等，美洲大陆也有分布，南美洲主要是阿根廷和巴西，此外还有非洲、东南亚等地。学者们先后命名过近50个种的手兽足迹，不过其中有效的还不到1/5。

这些来自不同地区、不同地质年代的手兽足迹，大小相差悬殊。目前报道的最大足迹发现于苏格兰西海岸的阿伦岛，也就是风光独特的“迷你苏格兰”，时期为早三叠世，化石上保存的后足迹长达40.64厘米，由此估计其躯干部分的长度可能达到3.6米以上，这可能是当时最大型的动物。而关于这些动物的食性，学界目前还有争议，无法证明它们是植食性还是肉食性动物。

从手兽足迹的保存环境看，其岩性多为陆相砂、泥岩，并且大都具有泥裂构造；也有不少足迹发现于碳酸盐岩层面，多具有泥裂构造，为海滨潮上带（也称浪溅带，海洋生态区域的海滨区的最上部，平常只是波浪冲击的地带），或萨布哈环境（阿拉伯语意为“被盐浸透”，指干旱气候下障壁海岸潮上带的盐坪、盐沼和盐碱滩）。可见，手兽足迹的造迹者几乎都生活在炎热、干旱的环境中。

1.1.3 我的远征

我的古生物学生涯，最早可回溯到高中二年级。那时是1998年，我做了“恐龙网”，成了一位科普人。可能是太过执着的缘故，虽然大学考取了广东商学院金融专业，但我一直没有放下古生物学科普的事。2001年，国内的自然爱好者属于小众人群，但氛围很好。古生物爱好者

2003 年，作者在中国恐龙原乡——云南禄丰挖掘（文华/摄影）

圈子太小，于是我又游走到了观鸟、户外探险的路上。我当时安慰自己这是爱屋及乌，因为恐龙演化成鸟类，今天它们仍在我们身边。

在观鸟爱好者中，我有一位挚友，他的网名叫赵烟侠，他亲和力强，幽默风趣，有着极强的组织能力和一肚子的故事。当时我可喜欢他了，几乎每个周末我都从三水校区跑去广州找他玩，跟着他参加了世界自然基金会（WWF）广东站的许多活动，学习了很多鸟类知识。我的户外知识大多是赵烟侠手把手教的，甚至我的防潮垫、睡袋、登山杖、背包也是他帮忙挑选或者直接赠送的。值得一提的是，古道热肠的赵烟侠利用他高超的计算机技术，创建了“鸟语者”中国鸟类记录中心网站，这个网站运营至今全靠他一己之力支撑。无论是鸟类专家还是业余观鸟者都在使用这个网站，他创建“鸟语者”真是一件功德圆满的事。

2011年，在牛场看到的“鬼手印”（邢立达/摄影）

2011年夏天，我从加拿大回国准备出野外。看着墙上的中国地图，上面被我标记得密密麻麻，都是化石点。最后，我把目光停留在牛场（“鬼手印”！）上，我要去那里看看。可当时一无经费二无向导，怎么去呢？咱还有老赵呢。赵烟侠一直说，如果我回国后打算去野外看足迹，一定要叫上他。隔了小十年，我们哥俩再出发，胖了不少，还是自费，相视一笑，别来无恙。

牛场的交通很方便，当地人也非常热情。得知我们要看“鬼手印”之后，老乡笑得很开心，“恐龙脚印嘛！现在不叫鬼手印了！它们就在晒坝上，很好找。”到了现场一看，当地的文管所为了减少居民或牲畜对这些足迹的踩踏，专门用砖头垒了一段通道，把保存较好的足迹围在里面。虽然方法粗糙，效果一般，但他们也算有心了。我和老赵借来扫把，把晒坝打扫得干干净净，老乡看着特开心。

现在的足迹质量肯定比王雪华前辈那会儿差多了，毕竟又经过了几十年的风化。但我们还是找到了3道行迹，第一道行迹长10米，有20个后足迹和18个前足迹；第二道行迹长9米，包括17个后足迹，前足迹缺失；第三道行迹长2米，包括5个后足迹，前足迹也缺失了。后足迹的长度为22~25厘米，复步长86~109厘米，表明造迹者的行进速度并不快。我和老赵对所有的足迹进行拍照、测量，还顺便给围观的小朋友分发了零食，科普了古生物知识。

2003年年底，中国石油大学（华东）的吕洪波老师，在牛场化石点不远处的龙场镇石灰窑村新修的关岭—兴义公路旁、中三叠统关岭组下段，也发现了若干手兽足迹。当地老乡知晓这个发现，热情地带我们去看了这组足迹。

我们眼前是一道排列整齐的足迹和一些零星的相同足迹。老乡告诉我们，龙场镇有贞丰西大门之称，化石点东北十几千米处就是牛场上坝村。龙场镇于明朝初期设立，迄今已有600多年的历史。有趣的是，这里有着众多与“龙”有关的人文景观，比如龙潭三潮、化龙池、蟠龙寺等，这会不会与这批神秘的足迹有关呢？这个可能性还是存在的。

石灰窑村发现的手兽足迹也保存在泥质白云岩上，上面同样具有

龙场镇石灰窑村发现的手兽足迹（邢立达/摄影）

龙场镇石灰窑村手兽足迹发现处，存在明显的泥裂构造（邢立达/摄影）

泥裂构造。这批足迹至少有7个后足迹和一个前足迹，形成了一道行迹。足迹整体保存得并不好，而且尺寸要比牛场乡的小一些，后足迹的平均长度约为15厘米。在完成数据采集之后，我和老赵就匆匆踏上了归途。

就在我们脚下，在距今2亿多年前的中三叠世，古牛场、龙场的近岸处，几只假鳄类路过，留下了像人手印一样的足迹。经过后期的文献资料对比，我和同行认为这些足迹从形态学上可以归入巴氏手兽足迹（*Chirotherium barthii*）。巴氏手兽足迹是欧洲、北美、南美、非洲等地区的三叠系中非常普遍的足迹种，这表明了主龙类当时在地球上的丰富程度，有利于对贵州区域的古环境和古气候进行更大范围的对比研究。

1.1.4 石达开手印

古生物学的魅力之一是经得起重复。

在完成牛场足迹的研究之后，我就预感到在中国西南这广袤天地的三叠纪地层中，一定还有很多的手兽足迹。于是，我给朋友们发了许多论文的插图，告诉他们:“这就是手兽足迹，看到了一定要告诉我！”

2013年夏季，我的预感在攀枝花变成了现实。在这一年的国际联合考察期间，我和美国科罗拉多大学丹佛分校的马丁·洛克利教授带队结束了四川古蔺的考察，在转道云南禄丰考察的路上，随行的《华西都市报》记者刘建偶然听攀枝花的朋友在电话中说起，攀枝花也有恐龙足迹，而且这些足迹很奇怪，它们有4个趾头。

这位攀枝花的朋友就是李学智，他是攀枝花市摄影协会主席，酷爱奇石收藏，足迹遍及攀西大峡谷的山山水水。在一次与人闲聊时他听说金沙江畔有一处脚印很特别，有可能是恐龙留下的。他对此半信半疑，因为在他的印象中，攀枝花市区还没有任何恐龙的化石记录，出于好奇，他约上朋友上路了。

蜿蜒的山路耗费了他们许多精力，最终他们在一块玉米地旁发现了传闻中的恐龙足迹。但这些足迹与他所了解的恐龙足迹有很大的不同。它们不是一般科普书上描述的三趾型，而是有4个趾头，像摊开的人手，看上去怪模怪样的。当地老乡还告诉李学智，这是同治年间石达开转战金沙江一带，停留此处练功时留下的手印。这些见闻让他觉得颇为怪异，心里没底，当从媒体处获悉有学者在四川考察足迹化石时，他就提供了“石达开手印”的信息。

2014年3月，四川省地质调查院阚泽忠副院长、刘建和我，在李学智的带领下来到攀枝花，开始系统地调查这批足迹。这个足迹点的现场相当朴实，一部分岩层已经垮塌，其中有不少都被用来铺一条新的村道，有一块上面有两个保存极好的足迹；而岩层的另一部分还埋在玉米地里，现场只露出一片不到10平方米的岩石，上面隐隐约约分布着十几个足迹。冒着酷暑与蚊虫，我们清理了岩石上面的杂草和淤泥，传说中的恐龙足迹逐渐清晰起来。

尖锐的爪痕表明造迹者是肉食性动物，四趾型的手状分布与手兽类的后足迹非常相似，比如第二至四趾很紧凑，而且呈对称分布，第三趾最长，还有一个指向后侧方的细长的第五趾。这些化石让我心动不已，这可是中国第二次出现手兽足迹的记录！这些硕大的足迹超过45厘米，粗略推测动物的体长超过5米，这种体型在恐龙时代的黎明期无疑是顶级掠食者，早期的恐龙基本都是它们的点心。有趣的是，在岩层的边缘，还有一个保存得不太好的三趾型足迹，属于恐龙中的跷脚龙类足

村道岩石上发现的保存极好的足迹（邢立达/摄影）

清理后的足迹现场（邢立达/摄影）

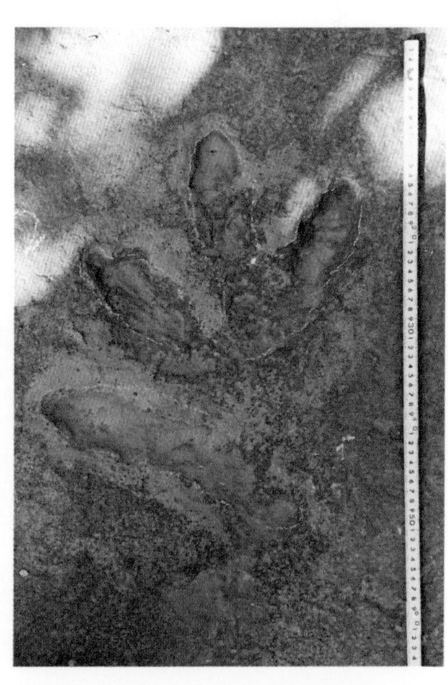

攀枝花恐龙足迹（邢立达/摄影）

迹，是三叠纪至白垩纪都很常见的一种恐龙足迹。

经过现场勘察，同行的阚泽忠老师很快对足迹所处的岩层年代有了初步结论。根据地质图，再结合化石点附近发现的零星的植物碎片化石，他认为这里属于上三叠统宝顶组，宝顶组保存有丰富的植物化石，比如苏铁类、百合类、银杏类、松柏类植物等。也就是说，攀枝花的手兽足迹要晚于此前贵州中三叠世的足迹。

攀枝花手兽足迹的发现非常重要，这些动物记录与当时的植物群一道，构成了一个更加完整的古生态系统。发现足迹的地层，其古环境为河流和湖泊的局部与海相连，这对研究攀枝花的古地理、古气候都有很大的帮助。

足迹学的精妙之处可能就在于此。2亿年前动物在水畔的一次随意行走，给我们留下了弥足珍贵的线索，让我们可以重构那个奇妙的古世界的一瞬。

与今天山谷里人群的喧嚣不同，三叠纪的景象犹如外星异世界。在正午阳光的照射下，由蕨类构成的灌木丛闪着微光。雨季刚刚过去，饱受滋养的蕨类和石松在这片起伏并不明显的山地铺下一层厚厚的地毯。

随着灌木丛沙沙作响，一小群幼年的小兽脚类恐龙彼此推拥着冲了出来，它们挤到一头死去多时的肯氏兽身旁，疯狂地撕咬起来。晚三叠世的兽脚类恐龙虽然体长只有1米左右，但已经成为高度适应环境的肉食性恐龙，既是主动的捕食者，又是食腐者。这具4米长的肉乎乎的尸体足以让这些小型恐龙饱餐一顿。

它们实在太饿了，以至于完全忽略了在下风处的百米开外，有一只正在试图吞下整条肯氏兽小腿的劳氏鳄（*Rauisuchus*）。劳氏鳄体长约4米，是那个时代最大的肉食者之一，也是恐龙出现前的一类典型的快速

捕食者。劳氏鳄有强大的头骨，颌上长满锋利的牙齿，高居于食物链顶端。背部覆盖的暗褐色骨板成了它伪装的铠甲，也为直立的腿提供了强有力的支撑。所以它不仅防护良好，而且行动迅速。

被打扰了进食的劳氏鳄相当不爽，但它旋即又垂涎于这些肉乎乎的小恐龙。劳氏鳄的伏击技巧堪称完美，它吐出吞了一小半的小腿，慢慢钻进苏铁丛中，逆行几十米后俯下身子，一动不动地打量着面前的恐龙群，慢慢地将头转向锁定的猎物。劳氏鳄通常会先研究一下猎物，找出它们虚弱的征兆，据此挑选出生病或受伤的个体。现在眼前有这么多的小恐龙，它选择的余地比平时大多了。

说时迟那时快，就在小兽脚类恐龙为几块鲜肉打闹时，只听见桫椤丛被啪啪折断，劳氏鳄飞奔而至，冲进了恐龙群中。在一只小恐龙的肋骨被咬碎之前，这个可怜的小家伙只来得及惨叫一声。恐慌迅速传遍了整个恐龙群，小恐龙四散而逃。而劳氏鳄则带着自己的战利品撤回到自己的“餐桌”上，迅速肢解了这只小恐龙并全都吞了下去。

美餐一顿的劳氏鳄慢腾腾地离开捕食地点，走到湖边饮水休息，在软硬适中的浅滩上留下了一串长长的足迹。炽烈的阳光很快就烤干了这串足迹，不久后一场突至的雨水泛滥又将足迹覆盖，这串足迹历经沧海桑田，等待着亿年后被有缘人发现。

1.2 盐都犀牛

1.2.1 龙骨堆上的城市

自贡这座建在盐上的城市，因盐建镇设市。但在古生物学家眼中，这里则是震撼人心的恐龙圣地。在很长时间里，整个中国的侏罗纪恐龙动物群的研究，都是靠自贡的发现打起来的。

有趣的是，自贡恐龙大发现却纯属意外，人称“中国龙王”的董枝明老师给我讲过好几次这个故事。那是1972年8月，一支参与地质普查的地质队来到自贡市一个叫大山铺的地方，目的是找矿。地质工作者有

“中国龙王”董枝明（邢立达/摄影）

一个“坏习惯”，走路的时候眼睛会一直盯着地看，有时过马路连车也不看，我好几次捡到钱也是因为这个习惯。当然，这个习惯并不好，你可千万别学，毕竟安全才是最重要的。不过，对地质工作者而言，这个习惯可以让他们发现很多意想不到的东西。

一天下班之后，几位地质队的工程师出去散步，在一个山包上发现了恐龙化石。这个发现刚开始并未引起太大的重视，因为地质队的主要任务是找矿，所以他们没有花费人力物力来挖掘恐龙化石。不过，这个消息很快就传到了古生物学家那里，此后不断有古生物学家前去挖掘，但因为资金和人力投入不足，发掘进展比较慢，也没有什么引人注目的发现。

直到7年后的1979年，一支石油勘探队来到大山铺附近，准备做一个基础建设工程。他们看上了大山铺这个地方，觉得如果把山包炸掉建成一个停车场，以后基建使用的车辆就都可以停在这里，工程建设也会很便利。他们起初并不知道这里有恐龙化石。这个山包不大，说炸也就炸掉了。但是，当炸药的硝烟散去，推土机开始往外清理碎石头的时候，所有施工人员都傻眼了。满地都是化石，大的、小的、整的、碎的，足有上万块。用董枝明老师的话说，“就像满地的番薯一样。”这样一来，停车场肯定是没办法建了，这满地的化石可都是非常珍贵的研究材料。特别值得一提的是，在此之前，中国发现的所有恐龙化石加在一起，可能也没有这一次炸出来的多。

1979—1982年，科学家花了3年时间在这里共清理出40吨化石，按数量算的话，总共有8 000多件，大小型的恐龙化石都有。而且更厉害的是，这些化石的种类非常齐全，除了各种陆生的肉食性、植食性恐龙之外，还有天上飞的翼龙、水里游的龟类和蛇颈龙类。很多现在很有名

1980年自贡大山铺恐龙化石坑工作照（自贡恐龙博物馆/供图）

的中国恐龙，比如马门溪龙、蜀龙、华阳龙、永川龙，都是在这里发现的。著名的古生物学家杨钟健曾经在考察自贡之后，兴致勃勃地吟诗赞叹："松下问童子，言师采龙去。不在此山中，去到自贡市。"当时杨先生已近80岁高龄，还不辞辛苦地跑到自贡去考察，可见这个"恐龙公墓"多么有吸引力了。

为什么自贡这么有魅力呢？因为在世界恐龙发现史上，早中侏罗世的恐龙化石少有发现，而自贡大山铺发现的恐龙化石，大部分都来自中侏罗世，还有一小部分来自晚侏罗世。迄今为止，大山铺依然是世界上中侏罗世恐龙化石门类最多、保存也最好的恐龙化石产地，填补了恐龙演化研究方面的空白。

自贡恐龙博物馆——埋藏现场（自贡恐龙博物馆/供图）

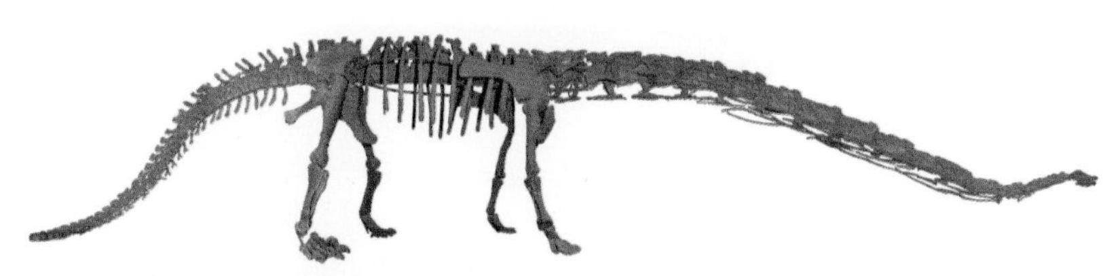

马门溪龙（成都理工大学博物馆/供图）

华阳龙（自贡恐龙博物馆/供图）

永川龙头骨化石（自贡恐龙博物馆/供图）

永川龙咬住盐都龙化石，现藏于自贡恐龙博物馆（邢立达/摄影）

马门溪龙用尾锤攻击永川龙（张宗达/绘图）

1.2.2 24个犀牛脚印

自贡这个地方，我小的时候就去过许多次，可我万万没想到，在自贡成为侏罗纪恐龙圣地之前，这里还有个精彩的故事。在讲这个故事之前，要先说一个来自自贡富顺县童寺镇罗贯山的民间传说——一个关于“犀牛脚印”能带来财运的故事。

“一头犀牛为救主人四处寻找千年灵芝。在罗贯山山顶上，它终于找到了流光溢彩的千年灵芝。看守灵芝的白鹤使出千斤坠，想把犀牛压住。但犀牛却顽强地爬了上去，在石头上踩出了一个个深深的脚印，最后采到了灵芝……”这就是关于“犀牛脚印”的民间传说。此外，当地还流传着一个顺口溜：“24个犀牛脚印，数得清楚银子撮几撮。”其大意为，如果数清楚24个犀牛脚印，你就会发财。

“犀牛脚印”现场照片（邢立达/摄影）

2009年5月，时任自贡恐龙博物馆馆长的彭光照研究馆员，在《自贡日报》上看到一篇罗贯山游记，其中一张“犀牛脚印”的照片引起了他的注意。彭光照是资深的恐龙专家，有着高度的职业敏感性，随即决定与研究部主任叶勇、江山等同人前往罗贯山实地考察研究。

现场的“犀牛脚印”非常醒目，十几个深深的足迹顺坡而上，每一个都有明显的细长凹槽，彭光照当时就想，“这些凹槽可能是恐龙脚趾和爪子的拖痕，是造迹者当时行走在厚且较软的沙层上留下的。”而且，造迹者在行迹中留下一些划痕，说明造迹者是自下而上行进的。

2011年夏天，我得知这个有趣的消息后，跟着彭光照老师去这处化石点考察。我绕着现场跑了一圈，这些足迹其实分布在一层很厚的岩层斜坡面上，距山顶约50米。足迹化石共有19个，每个都呈椭圆状，最深处约30厘米，足迹底部的平均长度约为21厘米，宽度约为15厘米，脚印左右交错排列，构成一条清晰的行迹路线，还有明显的滑动痕迹。我们可以从足迹长度推断出，造迹者体长约3米，在三叠纪属

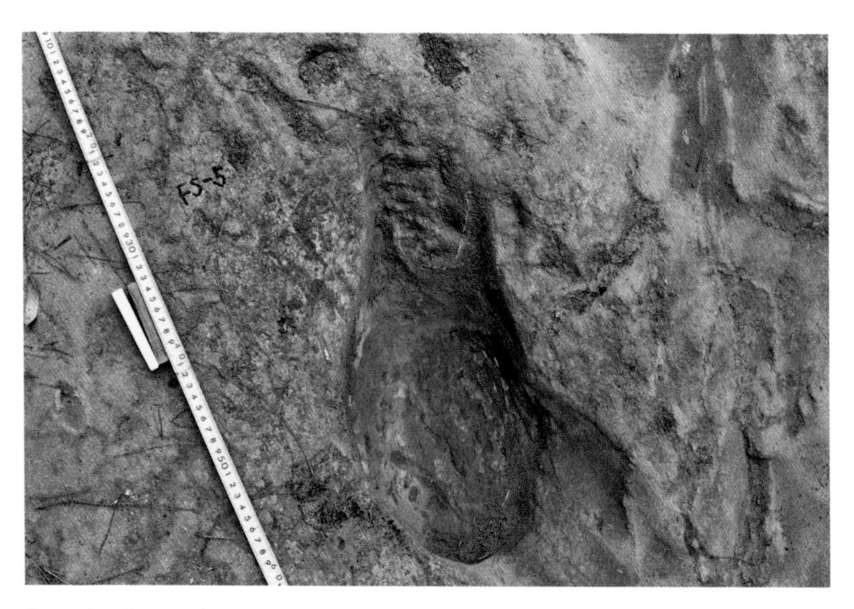

“犀牛脚印”特写（邢立达/摄影）

于中大型恐龙。

用传统的眼光看，这些足迹保存得实在太差了，因为在野外暴露剥蚀了很多年，保存下来的细节很少。但幸亏它们保存了很好的行迹模式，经过文献资料对比，这些“犀牛脚印”足迹的模式与北美晚三叠世的始蜥脚龙足迹（*Eosauropus*）非常相似，可能是距今2亿年前一种特殊的两足行走或偶尔两足行走的蜥脚型类恐龙留下的。不过，“犀牛脚印”足迹都朝着中线向内偏，也就是俗称的“内八字”，这有别于北美和欧洲“外八字”样的始蜥脚龙足迹。不过，“犀牛脚印”足迹还有一些有趣的细节，比如每个足迹的前部都有很明显的细长的凹槽，这些凹槽便是恐龙的脚趾和爪子的拖痕，暗示着造迹者行走在厚且软的砂质地面上。

始蜥脚龙足迹在自贡的发现第一次告诉我们，在繁盛的侏罗纪恐龙动物群之前，自贡地区早在晚三叠世就已经有恐龙活动。此外，它也从一定程度上丰富了中国三叠纪的恐龙足迹记录，具有重要的意义。

更有趣的是，这个发现还有考古学上的意义。我们知道，今日的四川早已没有犀牛的踪影，那为什么古时的四川人会将足迹想象为犀牛足迹呢？原来，在历史上犀牛曾遍布中国大地。据考古发掘，犀科动物在第三纪时分布广泛。3 000多年前，犀牛曾自西向东、沿黄河流域分布于1 800多平方千米的广阔地区。直到1922年，野生犀牛在中国宣布灭绝（云南西双版纳为最后记录点）。罗贯山的传说成为自贡地区在古时候存在过犀牛的辅助证据，与化石证据、考古发现和文献记载互为印证。

美国新墨西哥州发现的始蜥脚龙足迹（马丁·洛克利/供图）

1.2.3 老城中的龙足迹

自贡之名源于两座古老的盐井：自流井和贡井。贡井历史悠久，原名“公井”，因1 400余年前的大公井而闻名，是享誉中外的井矿盐发祥地之一。从艾叶、长土到老街、河街，这九坝十三街和六巷四大口构成了古贡井的主城区，幸运的是，这个主城区的格局至今尚存。

有了三叠纪的足迹，又有了中晚侏罗世的“骨头棒子”，中间缺失的就是早侏罗世的化石记录了。那么，在自贡能找到吗？带着这个问题，彭光照老师想起了一个线索，带着我展开了新的探索。

2012年夏季，彭老师和我在古老的街道里驱车缓慢前行，绕着老街、河街片儿寻找线索。清末民初，老街一带因为盐业的战略性增产而一度辉煌，但如今这里已没有了昔日的繁华，取而代之的是普通人家的

化石发现地点——河街东岳庙后面的山崖（邢立达/摄影）

袅袅炊烟。老街里一些古老的建筑年久失修，围起的护栏提醒着过客不要靠近。居民家的土狗会冷不丁蹿出来，对着陌生人狂吠一通，随即被主人喝止。在这些琐碎的生活交响乐中，我们两人小心翼翼地穿行于街巷中。而此行的目的，则要从20世纪70年代说起。

1972年，中国地质大学（武汉）的叶俊林教授回自贡探亲，在此期间，他在贡井区河街东岳庙后面的山崖边塌落的几块巨石上，发现了许多小型恐龙足迹。后来，叶俊林教授将他的发现告诉了自贡恐龙博物馆。博物馆的专家听后大喜过望，随即前往现场调查确认，并对足迹化石进行了采掘。这批足迹保存于下侏罗统自流井组马鞍山段中部的砂岩层面上，在约7平方米大的岩面上，保存了近300个肉食性恐龙足迹化石。这些恐龙足迹很小，一般为6~8厘米长，最大的全长也只有15厘米左右。大部分足迹都是两足行走、三趾型且具有利爪的兽脚类恐龙留下的。

我们此次便是来到足迹的发现点踏勘，试图探寻更多的足迹。化石点并不难找，说是化石点，其实是一处挨着建筑的寻常街边空地，硕大的石头如盆景般点缀着这古老的街道。由于荒废多年，如今化石点早已荒草丛生，青苔遍地，足迹的踪影被层层掩盖起来了。

看到这一情形，我们不免有些失望。但踏上归途之时，我们却有了意外惊喜。不经意间，我在化石点附近的民宅墙上，发现了一个不甚完整的恐龙足迹，足迹的跟部被青苔覆盖，又被一丛芭蕉遮挡，显得别样沧桑。想象中有侏罗纪龙啸声，到后来的马铃儿叮当、船号子欸乃、卤香盐咸，这一切都在阵阵炊烟中飘向远方……这想必是我们中国最有味道的化石点之一了。

在后来的研究中，我发现这些兽脚类足迹形态类似于跷脚龙足迹和

嘉陵龙足迹，前者广泛分布于同时代的世界各地，后者则在中国常见。但令人印象深刻的并非这些足迹的属种，而是在区区几平方米的岩石上，这些足迹竟然呈现出3种不同的形态，这很可能是由不同的古地面环境和额外的变化造成的。除了常见的凹型和凸型，还有一类足迹介于这两者之间，是看上去要窄上许多的凸型足迹，却有着凹型的边缘。它可能反映了一只长着纤细脚趾的造迹者，在其后脚穿透多层地面沉积物后，沉积物由于承重而压实，由此形成的足迹经历了风化剥蚀，残余下纤细的凸型足迹。

更令人高兴的是，这些岩石上奇怪的凹坑拼合在一起后，竟然是蜥脚类足迹。这条行迹由8个保存得很差的后脚足迹组成，行迹很窄，形态上类似于侏罗纪常见的副雷龙足迹（*Parabrontopodus*）。这个肉食龙与植食龙一同构成的足迹群丰富了自贡地区的早侏罗世恐龙记录，让我们得以知晓，自贡早在早侏罗世便出现了丰富的恐龙群，从而大大弥补了同时期没有发现恐龙化石的遗憾。至此，彭光照老师、博物馆的科研团队与我一道，将自贡恐龙演化从晚三叠世到晚侏罗世，完完整整地接续了起来。

跷脚龙足迹和蜥脚类足迹，后者为岩板右下角黄色处印记（邢立达/摄影）

第二章

侏罗纪
——恐龙崛起

2.1 烽火中恐龙觉醒

2.1.1 千万年前一世雄

彩云之南是我第一次看到真正的恐龙化石的地方。从当初七绕八绕的小山路，到如今在高速公路上为恐龙公园打造了一个专门的入口；从当初我听董枝明老师和当地政府不断地游说国内外开发商，到如今占地1平方千米的世界恐龙谷；从最初在菜油灯下“与蝇共饭”，到如今四处开张、斗厨斗菜的农家乐。一晃20余年过去了，我也不再年轻。

禄丰恐龙已经成为云南对外宣传的一张闪亮名片。2008年向香港、2009年向中国科技馆、2010年向上海世博会，云南都赠送过恐龙化石。从这一点可以看出，禄丰恐龙化石确实多。此外，禄丰恐龙化石的完整度也颇高，这一点实属不易。对比那些发现半条腿或两颗牙就得已命名的恐龙化石，完整度经常在80%以上的禄丰恐龙化石实在有傲人的资本。

禄丰在彩云之南何处？它位于云南省会昆明西北94千米处，西距楚雄市83千米。早在汉代，古南方丝绸之路就从这里向西南延伸，茶马古道上的马帮沿着驿道，驮着盐、茶等古滇国物产来来往往。禄丰龙是在抗日战争期间因修建公路而被发现的。背负着“国仇家恨”的它声名赫赫：中国已知最古老的恐龙，中国人自主研究和装架展示的第一只恐龙，世界上第一枚恐龙邮票的主角，任何一本关于中国古生物的图书中都有它的身影。

而这一切的后面还有一个沉重的故事。1937年抗日战争全面爆发，

禄丰龙挖掘现场（邢立达/摄影）

中国的科学研究机构和高等学府为保存实力进行长期抗战，开始向南方迁移，大多数科研机构均迁至云贵川地区。与此同时，为突破日寇封锁，国民政府紧急谋求打通滇缅公路西段，以连接缅甸仰光港的国际运输线。当时，滇缅公路东段虽已于两年前修通，但路面只铺设到禄丰，从禄丰到下关308.4千米的路程还是土路，晴通雨阻，路宽也不够，而下关至畹町的548千米的路段则全需新修，史称“抢筑滇缅公路”。

1938年7月，杨钟健先生经越南河内来到昆明，担任国民政府经济部中央地质调查所昆明办事处的主任，他很快就展开了对云南地区的地质和古生物化石的调查工作。当年10月，杨钟健麾下的地质古生物学家卞美年和技师王存义，在完成马街（元谋）新生代地质调查后返回昆明，途中在禄丰停留。

世界上第一枚恐龙邮票——禄丰龙邮票（邢立达/摄影）

禄丰恐龙谷的禄丰龙群（邢立达/摄影）

杨钟健先生正在研究化石（杨大同/供图）

卞美年原是江苏仪征人，他的外祖母是李鸿章之兄李瀚章的孙女，他的父亲曾任中国银行天津分行经理，如果你能找到20世纪30年代中国银行天津分行发行的钞票，还会在那上面发现卞美年父亲的英文签名呢。卞美年毕业于燕京大学，之后跟随杨钟健在周口店工作，对经济地质学特别感兴趣。在禄丰时，他一门心思想从那8米厚的红色土层中寻找盐和石膏矿。王存义则是一名优秀的化石猎人，见证了第一个北京人头盖骨的出土。他们在禄丰的这次不经意的停留，却有了重大发现。

当时滇缅公路禄丰段刚好在加宽路基。一天，卞美年和王存义去禄丰西北的沙湾村勘查，因为夜深找不到饭店休息，就在当地借住民宿，并发现当地居民使用的是一种特殊的油灯。老乡管它叫“龙骨油灯”，透过昏暗的灯光，他们问老乡这石头从何而来。老乡回道：“修路时翻出许多，村子后面的山坡上也到处都是。”

凭着对地质古生物学的敏感，卞美年意识到了“龙骨油灯”的科学价值。长期以来，禄丰盆地红色岩层被视为新生代的沉积物，而非恐龙所在的中生代。卞美年希望找到相应的化石，以便确定此地地层的准确年代。

第二天，在沙湾村东北的一条冲沟中，王存义率先找到了化石。那是一串出露的颈椎，凭借丰富的野外经验，他判断这是一块比较完整的动物化石，有骆驼那么大。他们决定发掘，并将这一决定电告了杨钟健。为了加强发掘力量，杨钟健调派年轻的技工杜春林去到禄丰，协助王存义的发掘工作。卞美年测量了禄丰盆地的地层，并制作了详细的地质图。发掘工作进行了将近两个半月，采集到化石40余箱。

最初进入科学家视野的禄丰恐龙化石——龙骨油灯（邢立达/供图）

1939年，兴致勃勃的杨钟健与卞美年来到禄丰，核对了化石的出土地点和层位，做了深入的调查，最终确认了禄丰红层的时代。这批化石后来被运到重庆北碚（抗战时期中国地质调查所总部所在地）进行修理和研究。但北碚的条件并不比云南野外好多少，“仅茅屋一间，技工二人”。

1941年，杨钟健发表了沙湾发现的恐龙骨骼化石，将其命名为许氏禄丰龙（*Lufengosaurus huenei*）。所谓许氏，是指德国的恐龙专家许耐，他是杨钟健的老师。杨钟健在研究禄丰龙时，得到了许耐的大力帮助，研究工作才得以顺利完成。同年，许氏禄丰龙在北碚装架展出，这是中国第一具装架展示的恐龙骨架。每天前来参观禄丰龙的人数有四五百，这大大地鼓舞了抗战时期科技人员的斗志，也受到了中国地质学界的赞许。

1951年，历经13年的风风雨雨，这批化石经过多次辗转，终于在中华人民共和国成立后的第三年安定下来，杨钟健也完成了他的专著《中国古生物志——禄丰蜥龙动物群》。他还给许氏禄丰龙绘制了复原像，并赋诗《题许氏禄丰龙再造像》:“千万年前一世雄，赐名许氏禄丰龙。种繁宁限两州地，运转竟与三迭终。再造犹见峥嵘态，像形应存浑古风。三百骨骼一卷记，付与世者究异同。”

心怀民族兴亡与学科振兴的复杂情感吟咏而就的诗句，可谓字字珠玑。可惜，恐龙研究事业当时一直难以展开，所以杨钟健先生才盼着“此只有待之抗战胜利以后图之”。但这种奋斗的心志不应该被忘怀，毕竟，中国恐龙学还有漫长的道路要走。

2.1.2 棋盘石上的足迹

禄丰是一个神奇的地方，这里承载着中国恐龙学的萌芽，也承载着我第一次挖掘恐龙化石的美好回忆。1999年夏，我第一次看到野外状态下的恐龙骨骼化石。董枝明老师和王涛老师把还是高中生的我领到禄丰川街镇阿纳村罗家庄。与博物馆中的恐龙化石不同，野外的化石更加令人兴奋，每次发现都是奇妙无比的体验。在这个彩云之南的梦幻龙域，到处是裸露的红土、零乱的小石子、低矮的灌木丛，一种史前荒芜的气息弥漫在空气中。踏着紫红色的地层，轻触云端龙踪，在与化石亲密接触前，我已经被这种环境催眠。

“我们认为禄丰龙有两个种——许氏禄丰龙和巨型禄丰龙。巨型禄丰龙的体型要比许氏禄丰龙大1/3，脊椎骨也更加粗壮。”董枝明老师边说着边跨上一个小土坡，然后快步绕到坡势较缓的一面。“看这里！”他在山坡上面喊道，“有一块颈椎骨，可能是第二段（第一段连接头部），刚露出地面一点儿，旁边有一颗牙齿！”我听后激动极了，手脚并用地冲了上去，在紫红色的地面上看到了露出白色轮廓的恐龙化石。当时有

2003年，作者（右一）与黄大一（左一）、董枝明（左二）、潘世刚等人在云南禄丰（王涛/摄影）

那么一瞬间，我觉得我这一辈子可能就跟这些远古之物绑在一起了。

董枝明老师是一位著名的恐龙专家，中国的大部分恐龙学者都出自他的门下，比如自贡恐龙博物馆的彭光照老师、中科院古脊椎动物与古人类研究所（后文简称为古脊椎所）的尤海鲁老师，以及英年早逝的地质科学院吕君昌老师，等等。我并没有拜在他门下，但在2006—2007年，我曾经和董老师在禄丰恐龙谷筹建基地一起生活过。和董老师的点滴相处，让我学到了许多恐龙知识和做人的道理。之后也是董老师推荐我去加拿大艾伯塔大学，师从著名的恐龙专家菲利普·柯里（Philip Currie）院士。

王涛老师是国内最优秀的化石猎人之一，而且家学渊源。他的父亲王正举先生时任禄丰县文化馆馆长，在禄丰石灰坝发现了距今800万年的腊玛古猿化石，当时刚初中毕业的王涛跟着父亲一起在现场挖掘。从小就跟随父亲到处跑，参与古生物化石的发掘，又常听父亲和专家探讨古生物化石的年代、种类、科目，耳濡目染之下，王涛对古生物化石发掘产生了浓厚的兴趣。从1979年至今，他总是头戴草帽，满身尘土，伏在禄丰和周边地区的岩层中敲敲打打，与他钟爱的恐龙化石一起度过了大半辈子，养成了他对化石极高的敏感度。

2008年春，王涛接到群众报告，在腰站乡竹箐口发现了两个恐龙足迹。王涛心想，腰站乡发现过恐龙化石，虽然有恐龙化石的地方，恐龙足迹非常少，但应该还是值得一去。幸好他去了，否则这里的恐龙足迹很可能就被埋没了。

2006年，王涛在韩国野外考察恐龙足迹（王涛/供图）

王涛老师知道我喜欢恐龙足迹，把我也带上了。很快，我们就到了竹箐口水库边上，下车后，我熟门熟路地走进了鱼跳楼山庄。这是我们经常就餐的一家饭馆，有一道菜我非常喜欢，叫“清汤蘸水鱼”，也是这里的招牌菜。这其实是一种土吃法，就是用清水加葱姜将鱼煮熟后搭配蘸水食用。鱼是水库优质花鲢鱼，配以上好佐料清汤煮熟，汤色洁白，清香扑鼻，鱼肉鲜嫩可口，不腥不腻。蘸水是用云南特产小米辣加工而成的作料，小小一碟貌不惊人，却可以和鱼肉产生奇妙的味觉反应。万万没想到，化石点就在对面的小岛上。

王涛老师和我坐上小船，晃晃悠悠来到对岸。在一户人家的门口，恐龙足迹就静静地嵌在一块平整的大石头上。原来，乡民采石造房时，将一块比较平整的大石头取下，打算作为棋盘，足迹恰好就在这块石头上。这个足迹保存在灰绿色的粉砂岩上，属于下侏罗统禄丰组下部。我仔细测量了足迹，它长约26.5厘米，是非常明显的三趾型足迹，有着尖锐的爪痕，这意味着它属于肉食性恐龙。

在经过详细的比对之后，我将这个足迹归入张北足迹（*Changpeipus*）。张北足迹有年头了，是我国经典的侏罗纪恐龙足迹，最早由杨钟健于1960年命名，他将河北、辽宁下–中侏罗统煤系的一批大型肉食性恐龙足迹命名为石炭张北足迹。1971年，霍博德在澳大利亚发现并命名了巴氏张北足迹。1979年，杨钟健又命名了滦平张北足迹。2007年，吕君昌命名了徐氏张北足迹。

为了更好地对比，我回京后专门拜访了中科院古脊椎所，去检视石炭张北足迹和滦平张北足迹。重新研究后我发现，滦平张北足迹很可能是石炭张北足迹的亚成年个体，可视为同物异名，应该废弃。而原本认为石炭张北足迹存在的前足迹，我判定它很可能只是石炭张北足迹造迹

棋盘张北足迹，图中的麻将牌为我们指示了当时的阳光方向（邢立达/摄影）

恐龙未成年体的后足迹。基于形态上的差异，我将禄丰的标本命名为棋盘张北足迹（*Changpeipus pareschequier*），种名棋盘，是为了向禄丰人民保护古生物化石的高度热情表示敬意。

棋盘张北足迹不仅是禄丰迄今为止发现的最古老的恐龙足迹，也是我国侏罗纪最古老的肉食性恐龙足迹之一。棋盘张北足迹的发现，将张北足迹的发现范围从东北部的辽宁与吉林、中部的河南拓展到西南部的云南。这说明，张北足迹的造迹恐龙在整个早侏罗世期间曾广泛分布于中国扬子陆台（陆台是大陆的一部分，其上部覆盖着水平的或缓倾斜的岩层，主要是沉积岩，其下伏岩层是埋深不同的结晶基底，而结晶基底是在更早期变形时固结的）。

有趣的是，我们还在棋盘张北足迹中发现了一种病变的迹象。其中一个足迹的第四趾后端外侧的外下方凸出，而这在另一个足迹上则没有出现，所以它很可能是第四趾骨的近端第一节折断造成的肿胀，或者骨纤维结构不良导致的畸形。后者改变了正常骨组织和骨髓，致使其被大量增生的纤维组织替代。这两个原因都会导致造迹恐龙的第四趾骨的近端基底部膨大，影响正常行走。但由于只有两个足迹，这种现象也可能是保存条件差异造成的。

那么，棋盘张北足迹的造迹恐龙是何方神圣呢？足迹与造迹恐龙除非有直接的关联，否则很难指定具体的恐龙种类，仅能做出推断。禄丰组到目前发现的兽脚类恐龙包括中国龙（中国双嵴龙）、峨山龙、合踝龙，其中合踝龙体型太小，峨山龙属于镰刀龙类，其足部形态与棋盘张北足迹相差甚远，唯一有可能的是中国龙。中国龙属于兽脚龙类原始类群，其亲戚在早侏罗世遍布全球。这是一次难得的机会，可以让我们一窥中国龙脚部的样子。

中国龙化石（邢立达/摄影）

2.2 辣椒花园的侏罗纪来客

2.2.1 砖厂有了奇怪发现

2015年7月3日，北京依然没有夏日炎炎的感觉。我却被媒体朋友们叨扰个不停，核心问题只有一个："你把一个新物种的属名赠予一名记者，请问这是为什么？"

答案也只有一个："因为这位记者是一个传奇人物。"

他叫刘建，原是一名空降兵，曾服役于黄继光生前所在部队。从1998年加入《华西都市报》至今，他的"主战场"从采访登山运动转移到主动探索未知地，并成为世界上第一位完成"7+2"（登顶世界七大洲最高峰+徒步到达南极和北极极点）极限探险的记者，同时积极投身户外救援工作，他为古生物野外考察提供了非常大的帮助，也用实际行动为自己赢得了荣誉。

在刘建协助我们团队展开的多次考察之中，最艰辛也最值得一说的是四川古蔺的那一次。古蔺是郎酒的故乡，这是我对那里最初的印象。我们出野外的人对当地的酒和人都格外在意，毕竟是面对面的"战斗"。

发现恐龙足迹线索的地点是位于古蔺县南部的椒园乡，是古蔺最偏远的一个乡镇，距离县城62千米，隔赤水河与贵州相望。2009年4月底，椒园乡和平机砖厂的工人们在砖厂后山取土烧砖。当他们揭开一层岩层后，接近直立的岩壁上出现了几组奇特的脚印，数量有几十个，最大的直径达到50厘米，小的也有20厘米，足迹分成多行，各行呈直线排列。

工人们不知道这是什么，也没有过多留意，但就在足迹即将遭到破坏的时候，幸运的事情发生了。工头发现该处的页岩质量不适宜烧砖，停止了取土。

这些足迹因此幸存下来，暴露在风吹雨淋中开始了自然风化。数日之后的5月初，泸州113地质队总工程师陈怡光和唐建民前往观文镇进行地质调研。车行至和平机砖厂附近，陈怡光发现了机砖厂开出的巨大剖面，这可是上好的地质研究资料。于是，他们下车对现场进行勘察，这里的恐龙足迹就这样进入了科学家的视野。但地质队的工程师并不太了解这些远古生物的遗迹，除了当地媒体对这一发现略做报道之外，无人有进一步的动作。

这些已经暴露的足迹的未来非常不确定，机砖厂重新开工、暴雨或滑坡都会对其造成毁灭性的破坏。同月，我从报纸上得知这个线索后火速赶往化石点，并邀请了几位当地的登山爱好者协助采集数据。到了现场后我却发现，事情并没有想象中的那么简单，西南多雨，岩壁上总是湿答答的，没有丰富攀岩经验的人很难站得住脚。无奈之下，我只能拍些照片，讪讪地离开了。

暂别的这段时间里我备受煎熬，既担心足迹受到自然或人为破坏，也着急不能获取足迹的详细信息。保存完好的足迹近在眼前，却束手无策，太挫败了。这期间唯一令人欣慰的消息是，在我们的呼吁下，为了保护这些足迹，2010年，当地政府关闭了和平机砖厂。

2.2.2 岩壁上的铁板烧

一个偶然的机会，我结识了国家级登山健将，也就是前文提到的传

奇人物刘建。令人意外的是，他也是一名化石爱好者，足迹遍及天下，搜罗了世界各地的奇奇怪怪的化石。刘建还喜欢自己动手修化石，不管多累，只要拿出手机展示他的宝贝们，就会瞬间神采飞扬。他可是挑战过全世界最高峰的男人啊，一定可以帮助我们搞定岩壁上的恐龙足迹。我灵光一闪，向刘建提议了这件事。结果，我们一拍即合，也催生了2013年的国际联合考察。

2013年8月，3D电影《侏罗纪公园》正在热映，美国著名的恐龙足迹学家马丁·洛克利教授、德国维腾/赫德克大学的苏珊娜教授和我来到古蔺，刘建则组织了泸州市山地救援队的肖兵队长和四川省山地救援队的志愿者前来协助。

然而，事情并没有想象的那么顺利。8月份的四川盆地南部，气温接近40摄氏度，我们身上背着沉重的设备，顶着大太阳在岩壁上作业，艰苦程度令人难以想象。考察队员们汗如雨下，眼睛被盐汗浸得通红。古生物学家这个名称听着浪漫，但具体工作却是不断重复同一套动作，非常枯燥。我们先用白色粉笔标记足迹的边缘，逐一拍照，然后将一块白色塑料薄膜平铺在足迹上，再拿笔在薄膜上一点一点地把足迹的边缘描下来，最后用硅橡胶给标本制模。

所有这些工作都是在高约30米的悬崖上完成的。徒步上山，再垂直下降，我们重复了数十次。几天的艰苦工作中也有不少有趣的插曲。那是我第一次从几乎垂直的岩面上速降。这在训练场上做起来挺轻松的，但真的站在悬崖上往下望，小腿还是会发软。而且岩壁并不结实，经常有小石头往下掉，运气不好砸到头盔上，“咣当”一声，让人眼冒金星。

马丁老师也“翻车”了。他自称大学生运动会的奖牌得主，体力一

2010年，马丁·洛克利教授正在悬崖岩壁上工作（邢立达/摄影）

岩壁上的恐龙足迹（邢立达/摄影）

2012年，马丁·洛克利教授在加拿大不倒翁岭，他伸出的三根手指代表兽脚类足迹（邢立达/摄影）

刘建正在岩壁上观察恐龙足迹（邢立达/摄影）

作者完成攀登准备（刘建/摄影）

川南刘建足迹（邢立达/摄影）

刘建足迹附近的三趾型肉食龙足迹（邢立达/摄影）

级棒，他对我说希望可以在岩壁上工作更长的时间。我说，“当然可以。如果你想下来就招招手，我们会辅助你尽快回到地面。”我和地面的朋友交代清楚后，就去附近做新的搜索了。大约45分钟后我回到现场，发现马丁还在岩壁上。而刚才负责地面工作的朋友也找不见人影，听留下来的朋友说去镇上买食物了。这位朋友还说：“老先生太敬业了，一直认真工作，还特有礼貌地对我挥了好几次手。”我让人赶紧把老先生放下来，他已经精疲力竭，大腿根部被安全带勒得又麻又紫，我心里特别过意不去。

刘建遭遇的意外则更令人心疼。他觉得这个小悬崖是“小菜一碟”，就掏出了从珠峰带回来的八字环。八字环是很实用的器材，广泛应用于速降和保护。但我们带着更先进的下降器，为什么不用呢？我们都认为刘建是完成过“7+2”的人，什么大风大浪没见过，他可能是念旧，我们也就不劝他了。最初几次都没出什么问题，但在最后几天我们要用塑料薄膜临摹足迹的时候，一阵怪异的风吹过，塑料薄膜鼓了起来，把刘建裹在其中。一瞬间汗水进了他的眼睛，他下意识地一抹，致使八字环意外松脱，“哗啦啦”一声巨响，刘建从20米高处滑落，直愣愣地往下掉！万幸的是，他紧急制动成功，在距离山下一块尖锐的石头只有几十厘米的地方稳住了身体，救了自己一命。可是，他的背部、手部都被严重划伤、擦伤，血流如注。谁能想到一位登山健会在这里“失手”呢？

就这样，我们头顶烈日，在烫手的岩壁上“享受”着铁板烧的待遇，每天“挂”在悬崖上好几个小时拍照、描线，一共“挂”了50多个小时才完成所有的数据采集。正是得益于近距离观察，我们才有了意外的收获，发现这些足迹与此前发现的那些都不同。

古蔺足迹的长度约37厘米，属于中大型的蜥脚类足迹。它的特殊

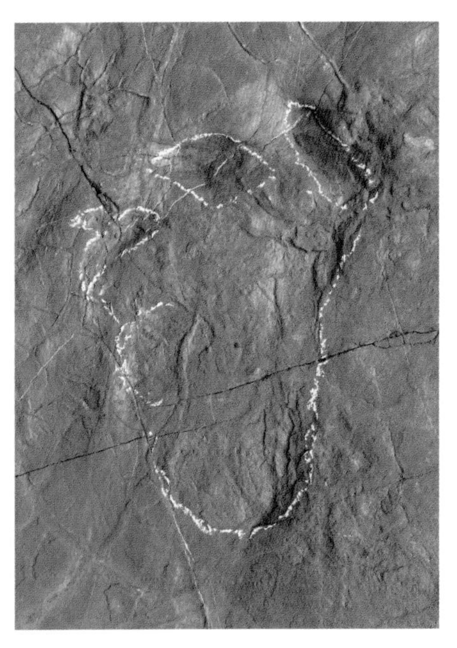

古蔺发现的蜥脚类足迹（邢立达/摄影）

之处在于，它的形态混合了原始的基干蜥脚型类足迹（如大龙足迹）与晚期蜥脚类足迹［如雷龙足迹（*Brontopodus*）］的特征，后足迹被一道横向的折痕分成前后两个区域，前部是4个延长的且与足迹中轴近乎平行的趾头痕迹，后部是呈抛物线的脚跟迹；而其对应的前足迹则有5个钝钝的大爪。这是一个新物种！

世界上绝大多数蜥脚类足迹都被归入大龙足迹（*Otozoum*）、雷龙足迹或副雷龙足迹（*Parabrontopodus*），新的形态极为罕见。古蔺发现的这些足迹属于早侏罗世，正是基干蜥脚型类逐渐消亡而蜥脚类崛起的时期，可以预见有一些蜥脚类恐龙的形态会介于这两种恐龙之间。古蔺的发现证实了古生物学家的这个猜想，提升了蜥脚类足部形态的多样性，为遗迹学记录补充了新的形态，是极为难得的发现。

鉴于刘建在这次野外考察中做出的重要贡献，我们最后决定将这个新物种的属名赠予他，以示感谢。这也是遗迹学的数百年历史上，首次将一个物种的属名赠予一位新闻工作者。

在这个领域，刘建凭着他坚定的信念和对工作的执着，登上了一名记者的荣誉之巅，这或许是对他自嘲“新闻疯子”的最好纪念吧。

2.3 格萨尔王的大脚印

2.3.1 昌都神迹

莲花生大师化身格萨尔王，骑着神勇的红马，扬善抑恶，南征北战，是藏族人民引以为豪的旷世英雄。篇幅浩瀚的英雄史诗《格萨尔王传》描写了他的故事，流传广泛。

格萨尔王一生戎马，足迹遍布藏地，西藏与格萨尔王有关的遗迹、景观不计其数。其中一处位于昌都市卡若区冒都镇的“大脚印”遗迹引起了我们的兴趣。

昌都位于拉萨与成都之间的川藏线317国道上。晶莹的雪山俯视之下，澜沧江深锁横断山脉，从昌都以南十几千米的地方逶迤而过。这方净土孕育着神秘、恢宏、古老而独特的高原文明。这里不但拥有青藏高原最早的人类活动遗址——昌都卡若新石器遗址，而且是《格萨尔王传》产生和流传的主要区域，悬于昌都城外崖壁上的一串“大脚印”，很自然地让信奉佛教、崇拜格萨尔王的藏民将其与神联系在一起，并在当地相当出名。

“大脚印”遗迹位于昌都镇以南20千米的214国道边的一处悬崖上，至少8对“脚印”由上往下而行，其中最长的达到1.7米，近观犹如巨人光着脚丫踩在泥泞上留下的印迹。

“大脚印”的发现实属机缘巧合。据当地政府记载，这处遗迹发现于1999年年初，当时工程队正在修建昌都镇至邦达机场的公路，放炮

昌都城外崖壁上的“大脚印”全景（邢立达/摄影）

时“炸”出了这些“大脚印”。“大脚印”重现于世之日，当地的佛教信徒认为如此巨大的足迹定是神灵所为，并猜测那是格萨尔王留下的足迹。

此后，当地信徒与民众便将“大脚印”奉为神迹，经过此地的信徒都会敬上一条哈达。昌都市政府为了保护这处遗迹，也在周围设置了铁围栏，为“大脚印”涂抹了保护剂，并将其开辟为当地的一大旅游景点。经年累月，铁围栏上累积的哈达多达层层叠叠。

2.3.2 天路上寻找大脚印

将“大脚印”赋予格萨尔王，固然能渲染格萨尔王的高大与神武，也为格萨尔王的唱词找到了实实在在的注释。但如果从古脊椎动物的角度看，这未必是“大脚印”的真相。虽然《格萨尔王传》的文学与历史价值一如既往地让人沉醉，但我觉得“大脚印”的科学意义更让人痴迷。

2003年夏天，我经成都辗转抵达昌都市，考察了当地发现的恐龙化石点。经过“大脚印”遗址时，因为时间仓促，再加上认识和准备不足，我仅做了简单的测量，留下了影像，并认定“大脚印”应该是蜥脚类恐龙所留。2004年，四川大学的考古专家经过初步考察，也认为昌都“大脚印”可能是侏罗纪时期古脊椎动物的遗迹，其年代距今约有1.5亿年。

之后因为学业、工作繁忙，那串挂在高原崖壁上的脚印被我抛在脑后，封存在记忆深处。2010年，我前往加拿大艾伯塔大学攻读古生物学，其中一个项目便是研究中国的恐龙足迹。2003年我拍照时使用的是普通胶片相机，照片的清晰度不能满足研究的要求，无奈隔着辽阔的太平洋，路远山高，我难以再次进藏弥补这个遗憾。

2010年秋，我在一个常常登录的论坛上，试着发了一个帖子，询问有没有人计划近期进藏或去昌都。没想到刚过了几分钟就有一位网名叫“虎头”的网友跳了出来，说他近期要自驾去西藏游一圈。于是我们交换了QQ号，几分钟后，屏幕右下角的那只小企鹅帮在加拿大的我联系上了在海南的虎头。他的真名叫李力，是一位旅行和摄影爱好者。就这样，我们开始了这份相识相知却至今尚未谋面的友谊。

后来，我和李力聊起这段往事，他说这种感觉很神奇。现在人们的警惕性都很高，两个人素昧平生，相隔半个地球，通过键盘聊着一串高挂在海拔3 000多米悬崖上的脚印。一方还要让另一方不远万里去给它拍照片，这难道不像一个骗局吗？按李力后来的话说：“我要是被骗了，也一定会被别人‘视贺’智商不是一般的低。”但恰巧，李力在准备进藏时读了藏地作家马丽华的《藏东红山脉》（2002年由中国社会科学出版社出版），这串脚印就写在这本书的第105页上。

自从接下了我的“重托”，李力先是临时抱佛脚读了我通过电子邮件发给他的《恐龙足迹的野外考察指南》，然后按要求买了米尺、双面胶、记号笔、粉笔等器材，之后就开着城市越野车，带着夫人，与车友一起出发，渡过琼州海峡北上，经桂、贵、渝、川进藏了。

“9月19日，江达到昌都，行车230千米，一路上磕长头者络绎不绝。”李力在日志上写道，“沿着当年十八军奉命进藏的路线，自雅安、康定、新都桥、道孚、炉霍、甘孜、德格、江达，一路颠簸。虽然过去了60年，路况已是天壤之别，一路的艰险仍然能让人体会到当年十八军将士的不易。”

19日下午2点，李力到达昌都，雷主任前来迎接。雷主任何许人也？这要从恐龙足迹拍摄的需求说起。昌都的恐龙足迹“挂”在90度的崖壁上，位置较高，拍照的时候又需要平视，最好有梯子。这个要求起初把李力吓了一跳，从海口带架梯子去昌都，这可不是一般的难度。后来我联系了一位支教的朋友陈劲。陈劲从成都去德格某乡支教很多年了，他已经离不开那片纯净的土地和可爱的孩子们。陈劲有一个舅舅在昌都广电中心工作，就是雷主任。

李力见到了雷主任，将来意一说，雷主任就联系并安排了第二天用的梯子与车辆，还带李力去了一家熟悉的修车厂，检查他那辆一路饱受颠簸的越野车。

次日，雷主任安排了一位名叫罗布的司机带路。据罗布说，“大脚印”离这里不太远，距离也就20多千米。一行人到了“大脚印”处，才发现雷主任费心找来的3米高的梯子立起来只能勉强够到悬崖的1/3处，但当时也只能硬着头皮上了。

按照我2003年所拍照片的标示，李力顺利找到了几个巨大的足迹。他先给钢尺背面粘上双面胶，然后爬上梯子把钢尺固定在岩石上。由于长年暴露在外，悬崖上的岩石早已风化，双面胶粘在上面居然能将岩石一片片地带下来。李力很担心，生怕“大脚印”就这样掉没了。布置好参照物之后，大约是上午11点，天气晴朗、光线正好，李力举着相机，一口气把能拍到的地方全拍了一遍，并做了详细的测量。

结束后，李力别过罗布，继续登上征程。他在车上跟雷主任通了个电话，感谢雷主任的帮助，雷主任得知他顺利地拍下了脚印，也很高兴。

“9月20日下午，任务达成，从昌都‘大脚印’到八宿，行车242千米。”李力在日志上写道，“世界之大如恒河之沙，人与人的相逢是机缘，几个‘大脚印’把我和雷主任这原本毫无关联的人串在一起。那道不经仔细辨认便觉与川藏线上大多数悬崖无异的破悬崖上，亿年前恐龙留下的痕迹，向我们传递着恐龙们当年生息的印记，着实让人惊奇。万里川

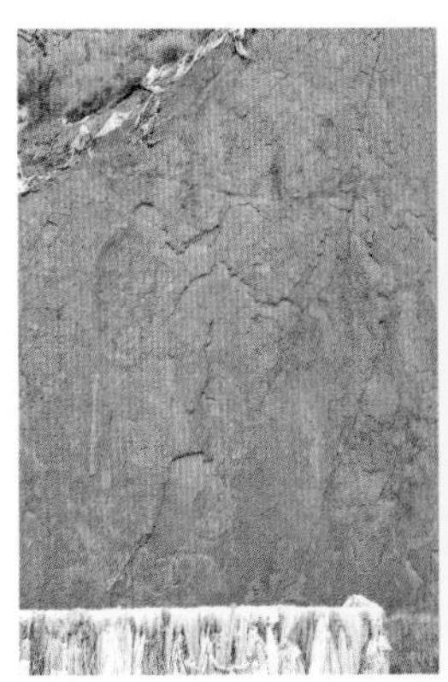

大脚印照片，那时候还没有竖起“大脚印”三个大字（李力/摄影）

藏行，除了为扩大内需做出了一些力所能及的贡献，也就这一件事是对社会有益的了。万卷书，万里路，内外风景，知其然亦知其所以然，需要机缘。网络时代给了我们种种这样的机缘。”

之后，李力去了邦达、然乌、鲁朗、拉萨、羊卓雍错、念青唐古拉、昆仑、青海……完全沉浸在青藏高原的美景之中，无暇理会我在加拿大焦急等待的心情。

2.3.3 侏罗纪的雷龙足迹

李力一回海南，就给我传来了大量的图片信息与测量数据，我们的研究工作也提上了日程。在详细研究之后，我与美国及加拿大的古生物学者一起于2011年1月发表了研究报告，首次揭示“大脚印”遗址是来自侏罗纪时期的大型恐龙的足迹，这是关于西藏恐龙足迹的第一次记录，对研究西藏恐龙的分布、古环境等领域都具有重要意义。

从足迹推断，造迹恐龙可能长达18米，几乎相当于两辆公交车的长度！而初步的分析表明，已经暴露出来的蜥脚类恐龙行迹至少有8对，分为3道，行走方向基本一致，地质年代约为早—中侏罗世。从形态上看，这批足迹可以归入雷龙足迹。雷龙足迹是一类著名的恐龙足迹，中国乃至全世界目前发现的蜥脚类恐龙足迹大半属于此类。

蜥脚类是恐龙的重要分支之一，这类恐龙最令人印象深刻的是它们的体型。它们在侏罗纪与白垩纪持续演化，发展出庞大的体型，比如身长40米的双腔龙和体重75吨的阿根廷龙等。如今唯一可以在体型上与它们匹敌的动物是海洋中的须鲸类，比如蓝鲸。

蜥脚类恐龙大多成群结队地生活，所以其足迹在全球范围内都有不

少发现。典型的蜥脚类足迹非常容易辨认，基本上都由较小的前足迹和大型的后足迹组成。这些庞然大物通常把足迹踩成一个个大坑，变形的沉积物在周围形成凸起的脊状边缘。

从骨学上看，蜥脚类的前足有5趾，它们通常仅在第一趾上有一个大型尖爪，其他指则为蹄状爪。大型尖爪可以起到防御或者抓地的作用，这个大爪连同其他短粗的蹄状爪还可以用来稳住庞大的躯体，防止在行走时打滑。由于蜥脚类的掌骨以束状排列，因此它们的前足迹往往呈半弧形或马蹄状。从大小上看，前足迹在多数情况下仅为后足迹的一半，甚至更小。蜥脚类的后足也有5趾，其各趾并不像前足退化得那么严重，所以后足迹往往呈椭圆形坑，并留下清晰的爪痕。足迹一般长90~100厘米，最长能达到150厘米以上。当然，也有一些小型的足迹，不排除是幼年个体所造。

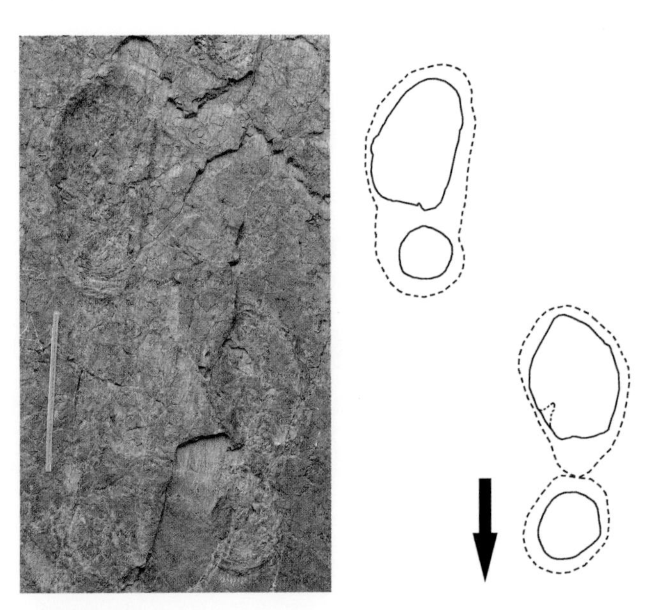

蜥脚类恐龙前后足迹，箭头所示为恐龙行进方向（邢立达/摄影、绘图）

雷龙足迹中的“雷龙”两个字是不是听起来特别耳熟？它曾经是最著名的恐龙，但后来根据命名法则，这个名字被认定为无效名，并被改为“迷惑龙”。恐龙足迹命名系统相对独立于恐龙命名系统，恐龙中的“雷龙”虽然是无效名，但不影响它在足迹命名系统中的使用。雷龙足迹是一类著名的恐龙足迹，全世界目前发现的蜥脚类恐龙足迹大半都属于此类。中国的雷龙足迹主要发现于内蒙古查布、甘肃盐锅峡、山东临沂等地的早白垩世地层，世界上著名的雷龙足迹则来自美国得克萨斯州玫瑰谷早白垩世地层。

昌都“大脚印”是上下颠倒的，也就是说，后足迹在上，而前足迹在下。这些原本留存在平地上的足迹，经过漫长的地质变动，沧海桑田，如今变成了绝壁。更有趣的是，“大脚印”的前后足迹保存得相当靠近，甚至有所重叠，呈现出类似人脚的形状，这也是它被视为格萨尔王足迹的原因。

那么，具体是哪一类蜥脚类恐龙留下了“大脚印”呢？从雷龙足迹和较宽的行迹来看，很可能是大型的巨龙型类留下了这些足迹。整体而言，蜥脚类的行迹存在加宽的趋势，早期的较窄，后期的较宽，而在早、中侏罗世时期就出现较宽的类型，是比较少见的，这让昌都“大脚印”变得颇具学术价值。

值得一提的是，该足迹附近还发现了丰富的泥裂和波痕，这些信息暗示了昌都“大脚印”的保存环境。可以想象，当时的大型蜥脚类恐龙行走在水畔，在泥泞的地面留下足迹，随后水退去，地面干裂。从地质时间上看，昌都地区当时正处于海陆交替的阶段，这些大恐龙说不定正漫步在距离大海不远的地方呢！

蜥脚类前足（邢立达供图，引自《恐龙足迹》一书，上海科技教育出版社2010年出版）

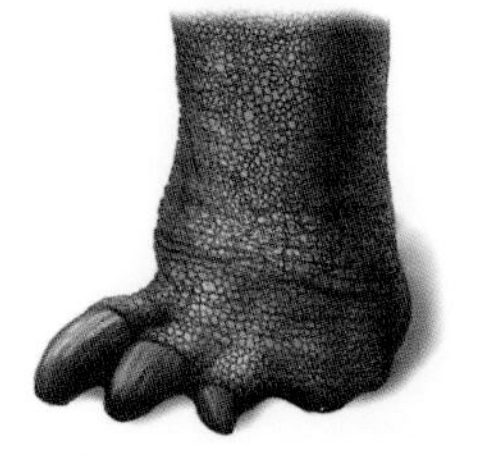

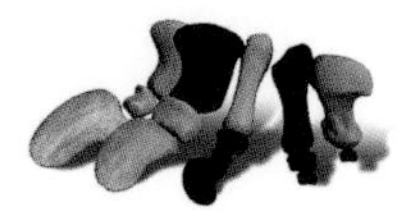

蜥脚类后足和复原模型（邢立达供图，引自《恐龙足迹》一书，上海科技教育出版社2010年出版）

2.4 亿年前的楼兰恐龙舞会

2.4.1 鄯善，楼兰

“阿哈，加能科泰！邢！”

电话里的卡得尔得知我将再次前往鄯善县后兴奋不已，随后又因为我的考察队不能到楼兰而颇感沮丧。他是我在迪坎儿的生死兄弟，而迪坎儿是古代进入楼兰古国的要道。楼兰，这个在2世纪之前繁荣一时的沙漠之城，如今只留给我们一座废墟和一具少女干尸。许多年前，我和卡得尔一起在楼兰刨过土，烤过红柳羊肉。他的问候语是罗布人的土语，翻译成汉语，大致就是“兄弟，我替你去死，你活下去”的意思。这句话听上去义薄云天，却是罗布人的日常问候语。

新疆是我在国内最喜欢的地方，这里民风淳朴，人们热情、豪爽，而且化石资源丰富。新疆的地质与古生物学具有特殊地位，各大盆地记录数亿年的沧海桑田，人类活动痕迹较少，因此岩层露头多且完整。当地的恐龙动物群更是与四川盆地的中晚侏罗世恐龙动物群，以及辽宁地区的早白垩世热河生物群有着密切的关联。

时光与纪事在这里交汇，成就了绵长的历史。鄯善位于新疆中东部，隶属吐鲁番市，她还有一个更著名的名字——楼兰。不过，古地名鄯善或楼兰与今天的鄯善是两个不同的区域，前者位于今日的若羌县。今天的鄯善旁边有一处沙漠，叫作库姆塔格大沙漠，大沙漠如老狗般静静地趴在鄯善城身边。这个无情的沙漠在数千年间缓缓地吞没了数不清

的古文明，终于在鄯善城脚下停下了肆虐的脚步。

早在20世纪60年代，鄯善本地和周遭地区就发现过恐龙化石，那是来自晚白垩世的火焰山鄯善龙（*Shanshanosaurus huoyanshanensis*），是一种身长约2米的小型兽脚类肉食性恐龙。这种恐龙躯体轻巧，行动机敏，牙齿是典型的肉食形态，纤细、侧扁，边缘有小锯齿。

1987年，由中科院古脊椎所董枝明老师带队的“中加恐龙计划”考察队，在准噶尔盆地的奇台恐龙沟发掘出一条巨大的晚侏罗世恐龙化石，其中最长的一节颈椎化石长达1.6米，颈肋长4米，由此推测这只恐龙身长可达33米，堪称“亚洲第一恐龙”。它后来被研究者命名为“中加马门溪龙”，与四川盆地的马门溪龙有着极其密切的关系。

2011年夏，四川省地矿局物探队资源与环境研究所的李忠东所长带队，准备详细考察鄯善库姆塔格大沙漠，打几个月的持久战，访遍沙漠里的地质遗址。但这个计划却因为我的到来而有些许改变，我们掉头转战沙漠北部的“恐龙足迹墙”，试图为鄯善开辟另一处旅游景点。

2.4.2 断壁，侏罗纪之墙

2007年9月，一支越野车车队在鄯善郊外松软的沙土里艰难前行，黄沙漫漫加上车轮扬起的沙土，致使几步之外什么也看不见。这是德国图宾根大学的维恩斯博士带领的中德考察队正在吐鲁番地区进行野外考察。他们之所以选择此地，并非心血来潮，而是经过了详尽的考量。作为他们的顾问，董枝明老师曾预言，在吐鲁番盆地“应该能找到年代更久远的恐龙”。

中德考察队进入吐鲁番盆地后，转眼10多天过去了，除了发现几块乌龟化石的碎片外，一无所获。这些乌龟化石在此地十分常见，绝大多数都属于得名于1986年的准噶尔新疆龟（*Xinjiangchelys junggarensis*），它们的一个原始特征是在舌腹甲与下腹甲之间还发育出一块中腹甲，这是现生龟类不具备的特征，这些来自中侏罗世地层的乌龟因此成为探索龟类起源和早期进化的重要材料。但这些常见的标本并不是考察队的首要目标，毕竟投入了大量的财力物力，他们渴望新的重大发现。

这一天，带队的维恩斯博士又发现了一块暴露在岩石外的新疆龟化石，得益于充沛的雨水，大量的浮土被冲刷掉，化石提前暴露出来。维恩斯并没有忽视这个发现，他依旧一边细心地用刷子慢慢拂去龟化石上的沙土，一边给学生们讲解着。无意间，他抬头看见远处一面岩石墙上有着大片凹凸不平的印迹，在阳光的照耀下，显示出浓重的阴影。

库姆塔格沙漠的恐龙足迹墙（邢立达/摄影）

当幸运之神引导他走到这处奇特的印迹跟前时，令人惊叹的一幕展现在他面前——这面因地质运动而竖立的岩墙面上，竟然布满了恐龙足迹。它们凌乱却不失清晰，足足有上百个，就像在开一场盛大的舞会。这些足迹分布在左中右三面岩墙上，这是新疆首次发现恐龙足迹，而且是来自距今约1.65亿年前的中侏罗世，队员们兴奋极了！

很快，通向这个足迹化石点的道路变得繁忙起来，10多厘米厚的浮土上布满了新的车辙印。在短短几天的时间里，考察队与当地政府有关部门的人员频繁而兴奋地穿梭于此，在这面侏罗纪之墙附近搭起了一顶顶帐篷，一罐罐桶装水和一箱箱方便面堆在一旁，简陋的小炉子虽然放得远远的，还是冒起了熏人眼的黑烟。在有力的后勤保障下，考察队紧张有序地忙碌着，测量、拍照、记录。

遗憾的是，就在考察队开展工作的同时，一场突如其来的暴雨导致恐龙足迹化石群中段岩石边缘坍塌，破坏了不少重要的足迹化石。古生物学家只能对坍塌下来的石块进行编号，以便今后做进一步的研究和复原。由于天气原因，这次临时的发掘工作只持续了7天就匆匆结束了。同年11月上旬，考察队进行了第二次短暂的考察，并发表了初步的研究报告。

2.4.3 鏖战、酷热与恐龙

时隔3年多，鄯善恐龙足迹点又会是怎样的景象？我迫不及待地想一探究竟。

从鄯善县城驱车往东到小东湖村，再一直往前，一条砂石路通向远方。在戈壁深处的某个角落，新疆首个恐龙足迹化石点就在路的尽头。

远眺化石点（邢立达/摄影）

当地政府为了保护与开发此地，只将公路修到靠近化石点的地方，并用铁丝网圈起了一个大范围的保护区。

从车窗往外看，眼前是一片由中生代的砂岩、泥岩形成的浅丘地貌，丘状山体的高差（这里特指丘状山体顶部和底部的高度差）仅10多米，形态浑圆，像无数倒扣着的土碗，丘与丘之间沟壑纵横，丘壑之上覆盖着一层厚厚的盐土，其上残留着一个个深陷的鞋印。这就是这里侏罗纪地层中最明显的一组地层，被称为“七克台组”，属于浅水湖盆扇三角洲沉积，此前发现的洛克迹也证明了这一点。

亿年前，这里河湖纵横，树木葱茏，生机盎然。而如今的地表上却看不到一点儿生命的迹象，放眼望去全是干焦的黄色盐土。只有偶尔砸毙在车窗上的小飞虫提醒着我们，这里并非生命禁区。被汽车惊扰的荒

成群结队的兽脚类恐龙在湖畔觅食（张宗达/绘图）

漠沙蜥（*Phrynocephalus przewalskii*）正逃往一块巨大的砾石下，它那露出的小脑袋因暴晒而发红，而它背部呈黄褐色并饰以深色条纹则与戈壁沙地环境一致，颇具隐蔽性。

我们的到访显然引起了保护人员的注意，不一会儿，一辆摩托车就跟了上来。保护人员问明我们的来意后，一直跟随在我们身旁。他是受雇住在化石点旁边的当地人，日日夜夜保护着恐龙足迹，他唯一的“伙伴”就是口袋里那部不停播放着流行歌曲的手机。

跳下皮卡车，我们一行人穿着野外靴站在绵软的戈壁上。片刻，一股淡淡的焦煳味就从脚下传来，弯腰测试，地面温度高达76摄氏度。

“今年新疆的天气很诡异，吐鲁番起了山洪，然后又迎来了酷热。”李所长戴上草帽，缓缓地说，“吐鲁番盆地是新疆海拔最低的地方，呈

化石点的野外临时看守站（邢立达/摄影）

烈日下鏖战恐龙化石点（邢立达/摄影）

凹形，自然就成为最热的地方，被称为‘火洲’，七八月又是盆地最热的时候。”

此地究竟热到什么程度呢？我只觉得脸都快被点着了，睫毛连带着上眼皮火辣辣地发沉，嘴唇被四周渗出来的汗盐浸泡着，一阵阵刺痛着。风卷着沙石打过来，就像加特林机枪在扫射，把相机贴到脸上的时候，甚至还能听到恐怖的类似烙铁的“嗞嗞”声。

但眼前的景象却比自然环境更加不容乐观，涂在恐龙足迹上的保护剂并没有起到太大作用，足迹墙最大的安全隐患——岩石沿着岩缝自然崩塌，对此我们并没有对策。更可惜的是，最初崩塌下来的足迹四散在地上，写好的编号早已随风沙而去。

对恐龙足迹墙的进一步保护工作迫在眉睫，这也是我们评估与研究的一项重要任务。按照既定的考察计划，我们将对整个遗迹区进行

化石点地面的泥裂，说明此地曾有山洪肆虐（李忠东/摄影）

剥落在地的凸形恐龙足迹（邢立达/摄影）

详细的调查，包括出露化石岩层的高度、宽度，并且要对每个恐龙足迹进行定位、测量和拍照。

在长达33米的足迹岩墙上，我们记录了150多个凸型足迹。有趣的是，这些足迹相互叠压，表明了造迹恐龙来到此地的前后顺序。

仔细观察这批足迹，你会发现这些恐龙都有3个脚趾，也就是所谓的“三趾型”，每个脚趾末端还有尖锐的爪痕，所以它们可以归为兽脚类恐龙的足迹化石。经测量，其中最长的足迹有33.6厘米，最短的则有11.4厘米。这意味着前者属于中大型兽脚类恐龙，长着宽大的趾头、浑圆的趾垫，体长可达4米以上；而后者较小，相对短细，属于小型兽脚类恐龙，这类恐龙的体长不到1.5米。

岩墙上清晰的三趾型恐龙足迹（邢立达/摄影）

更有趣的是，这些足迹都是凸起的，也就是所谓的“凸型”，这与足迹应都是“凹型”的惯性思维相反。这是为什么呢？其实，这个现象在足迹学中十分常见。恐龙走过，将脚印留在了泥沙沉积物上，脚印略微干燥之后，恰逢流水或山洪带来材质不同的泥沙沉积，从而覆盖了脚印层。后来，经过漫长的地质演变，上下两层沉积物分别成岩，但硬度不同，到了暴露出地面的时候，下层（凹型足迹的那层）由于较松软，很快就被风化掉，而上层（凹型足迹的铸模）却因为比较坚硬而得以保留，这样一来，就形成了如今考察队看到的景象。

在这些密集的三趾型足迹中，有一个足迹还“泄露”了此地沉积物

的真相。它留下了长长的拖曳痕迹，显然是一只恐龙脚下一滑打了一个大大的趔趄，其间它的三个趾头都紧紧并拢在一起，向前滑动了半米之远。这种湿滑的地面极有可能来自水畔，比如湖畔，那里是这批兽脚类恐龙日常光顾的水源地或者觅食场所。

恐龙足迹拖痕（邢立达/摄影）

同时发现的无脊椎动物遗迹也证明了这个推断。在那些较大的兽脚类恐龙足迹旁边，我们发现了密密麻麻的洛克迹。此地确实过于密集，以至于有引发密集恐惧症的风险。

洛克迹最初被解释为藻类成因，也就是类似池塘里那些脏兮兮的东西，后来则多将其解释为一种有挖掘习性的双壳类栖息迹。这种遗迹在泥盆纪及更早前的时期常产生于深海浊流环境，石炭纪之后则主要产生于浅水和开放陆架环境的沉积。双壳类也被称为瓣腮类，属于软体动物，它们全都生活在水中，大部分为海产，少数则生活在淡水中。通俗地说，它们就是一些类似蚶、牡蛎、青蛤、河蚬、蛤仔的动物，是一群吃起来美味的家伙。通过在此地发现的洛克迹，我们完全可以

恐龙足迹直接踏在密密麻麻的洛克迹之上（邢立达/摄影）

可能的恐龙皮肤印痕（邢立达/摄影）

推断出，此地在中侏罗世时期水草丰美、河湖密布，各种无脊椎动物繁茂，直接或间接地给恐龙提供了丰富的食物。

更出人意料的是，我在中段岩墙的下部竟然发现了一小块可能的恐龙皮肤印痕。这种兽脚类皮肤印痕在国内抑或国际上都不多见，它的鳞片呈六角形，密集地排列在一起，看上去和一只鸡的脚底没什么两样。

在随后的两天中，我们不断地有新发现。在距化石墙约50米的地方，我们发现了另一片恐龙足迹，可惜多数已经沦为碎块，数量有30余块；在另一条沟壑中，我们发现6个兽脚类恐龙椎体化石半埋在土里，这些都是文献中没有记载的，有待进一步挖掘与研究。

由于总趴在被烤得滚烫的岩石上拍摄与测量，晚上野外考察结束的时候，我的胸膛已经被烫得发红，自嘲成了“铁板烧”。但时光流逝之后，我们只记得发现的精彩。

趴在岩板上工作，我变成了活生生的“铁板烧”（李忠东/摄影）

2.4.4 沙山，库姆塔格

几千年来，没有其他哪片沙漠能像库姆塔格这样，“绿不退，沙不进”。千百年来，沙山与城市相互守望着，城里那条笔直的中央大街一直通向库姆塔格沙漠。城与沙只有一线之隔，令人唏嘘不已。

在行程的最后一天，我们来到了库姆塔格大沙漠。我们在足迹点工作的日日夜夜，它一直在不远处静静地守候着我们，所以今日的回访也算一种礼尚往来。

需要说明的是，中国西部有两个同名同姓的“库姆塔格沙漠”，经常被游客和媒体弄混。其中位于新疆鄯善老城南端的是鄯善库姆塔格沙

沙漠与绿洲一线之隔（李忠东/摄影）

漠，面积为1 880平方千米；而在甘肃西部与新疆东南部交界的是甘新库姆塔格沙漠，它是塔克拉玛干沙漠的一部分，面积约为2.28万平方千米。后者被唐朝人称为“大患鬼魅碛”，沙漠的南缘就是著名的“大海道”，即连通沙州（敦煌）和西州（吐鲁番）的古丝绸之路的另一通道，也是丝绸古道中一段最为神秘和艰辛的险途。

库姆塔格沙漠在维吾尔语中就是“沙山”之意，鄯善库姆塔格沙漠的形成，主要是因为来自天山七角井风口和达坂城风口的狂风，狂风沿途夹带着大量沙子，最后在库姆塔格地区相遇碰撞并沉积。在沉寂千年之后，如今的鄯善库姆塔格沙漠已掀起了开发的大潮，这位天生丽质的“沙色女子”很快就将穿上时尚的现代服饰。

当捧起鄯善库姆塔格沙漠的沙子时，你会发现它比甘新库姆塔格沙漠的沙子更加均匀、细腻和柔软。当沙子从你手中慢慢滑落的时候，你

库姆塔格沙漠的流沙（邢立达/摄影）

不能不想到“指间流沙”这个词。如果将百年光阴比作一颗沙子，那么恐龙王朝的1.6亿年历程不过是一束掌中沙，手起手落，一切随缘而去。这世间本无永恒，当下即永恒。

2.5 龙腾帝都

2.5.1 食物不见了

中国恐龙学，乃至中国科学的早期启蒙，都带有难以磨灭的日本印记。比如“恐龙”这个称呼，就是从日本传过来的。1931年“九·一八事变”爆发，日本悍然出兵侵占了中国东北三省。此后，为了调查东三省可供给战争的资源，大批日本学者被派往那里进行调查。

1940年，日本地质学和古生物学的创始者、日本东京帝国大学（今东京大学）的矢部长克，在辽宁省西部朝阳县的羊山四家子的晚侏罗世地层发现了恐龙足迹。这批足迹达到4 000多个，都由一类肉食性恐龙所留，随后被命名为斯氏热河足迹（*Jeholosauripus ssatori*）。

不过，这批足迹并没有引起太多关注。随着时间的推移，20世纪末，在辽宁省西部（辽西地区）的早白垩世地层，发现了震惊全球的带羽毛恐龙、最早的开花植物、原始哺乳动物等珍贵化石，这些横扫全球科学期刊的重大发现都被纳入了“热河生物群”。

如今，热河生物群的成员已经非常繁盛，学者们也开始腾出精力思考另一个问题：在热河生物群之前或燕辽生物群之后，这些神奇的生命从何而来，又往何处去?

于是，学者们又将目光转回了辽西地区更古老的晚侏罗世地层，那里的岩层非常发育（工程地质学专有名词，不同于我们通常所说的发育，可以理解为强烈程度，比如岩层非常发育指的是岩层极不稳定），

"石头山"随处可见，其中的成分包括底砾岩、粗面岩、粉砂岩等。这些岩层在地质学上被称为土城子组地层，广泛分布于冀北—辽西地区，其年代从晚侏罗世一直延伸到早白垩世，恰好处于热河生物群之"前夜"，燕辽生物群之"次日"。

从21世纪初开始，中外学者几乎把土城子组翻了个遍，结果却令人沮丧。这里保存的古生物实体化石稀少，脊椎动物化石只有寥寥几块，难以反映一个生物群的概貌；而遗迹化石的状况稍好，恐龙足迹保存得不少，但奇怪的是，它们竟然都是肉食性恐龙所留下的。这千枚足迹无时无刻不在质问着我：这些恐龙的猎杀对象在哪里？

这个令人尴尬的问题，终于在2011年的炎炎夏日出现了解决的契机。

2.5.2 延庆的"蚕豆"和"鸡爪"

2011年，在号称"首都西北门户"、距离北京市区74千米的延庆县（2015年撤县设区）的一条新开辟的公路旁，考察队发现了奇怪的印迹。这些顶着烈日进行田野作业的学者，是中国地质大学（北京）张建平教授带领的团队，他们在为延庆县筹报世界地质公园项目做详细的地质遗迹野外调查。

他们调查的区域恰好属于延庆硅化木国家地质公园核心区，在这里发现了异木和苏格兰木等木化石。尽管木化石和恐龙足迹化石的保存条件有很大差别，但专家们心中仍然抱有一线希望：让我们找到与这些参天古木同时代的恐龙吧！

时间不会辜负有梦想的人。

延庆足迹考察现场（邢立达/摄影）

在延庆攀岩考察恐龙足迹的工作人员（邢立达/摄影）

我当时尚在加拿大求学，有一天接到了张建平教授的电子邮件："我们在延庆发现了恐龙足迹，希望你尽快来看一看！"当看到附件的照片时，我简直不敢相信自己的眼睛。在古木参天的环境中，那么多足迹竟然完好地保存了下来，而且是以植食性恐龙足迹为主。

我以最快的速度从加拿大飞回北京，当我风尘仆仆赶到化石点的时候，正值盛夏黄昏。首批恐龙足迹约有30个，静静地嵌在公路一侧，在夕阳的"雕刻"下显现出阴影，瞬间鲜活起来。这批足迹虽然不多，却足以让我们分辨出植食性恐龙留下的"蚕豆"状足迹和"三叶草"状足迹，以及肉食性恐龙留下的类似"鸡爪"的带有尖锐爪痕的足迹。它们有的硕大如脸盆，有的娇小如水杯，看似无序地排列在一起。

恐龙足迹学的有趣之处在于，就像刑侦破案一样，我们可以通过现场脚印留下的蛛丝马迹，判断其造迹者到底属于哪类恐龙。因为不同种类的恐龙足部骨骼结构存在很大的差异，这些独有的特征总会反映在足迹的形状上。据此，科学家就可以判断造迹恐龙的种类。

延庆恐龙足迹中的"三叶草"状足迹数量很少，只有两三个，与鸟脚类恐龙足迹非常相似，这是由于这类恐龙的后足常见有三个呈蹄状的

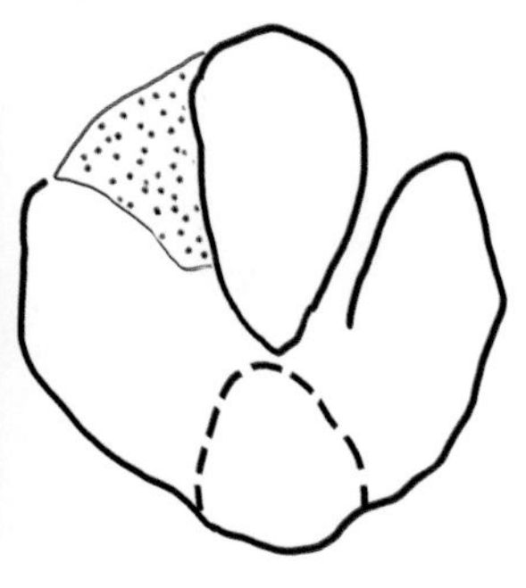

可能的鸟脚类足迹（邢立达/摄影、绘图）

宽脚趾。鸟脚类是一类数量巨大、分布极广，而且时空跨度颇大的植食性恐龙。它们也是白垩纪最成功的植食性恐龙，在各大洲都占据优势，其活动范围甚至包括南北极。

“蚕豆”状的足迹则属于一种中小型的四足恐龙，它们的后足迹长约40厘米，末端有3个发达的脚趾。最初我将这些足迹归为覆盾甲龙类，这个门类的恐龙包括著名的剑龙和甲龙类。但更进一步的研究表明，这些足迹与蜥脚类恐龙足迹更为相似，它们都有着椭圆形的外形、高度外偏的前足迹和约100度复步角等特征，可以归入副雷龙足迹，造迹恐龙的体长约为6~7米。

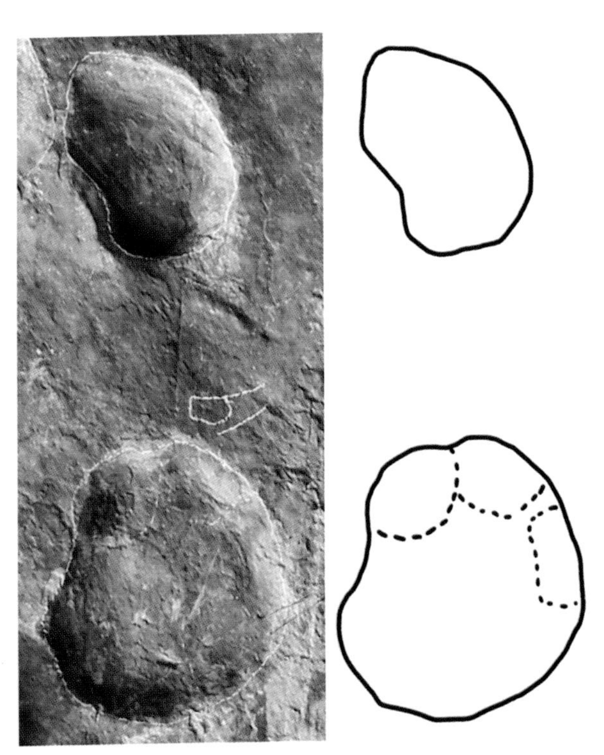

中型蜥脚类的前后足迹（邢立达/摄影、绘图）

庞大的蜥脚类足迹（邢立达/摄影）

除了这些小“蚕豆”状的足迹之外，化石点周边岩层也保存了一些没有明显规律的大型足迹，这批足迹因其尺寸大（后足迹长达68厘米）、行迹宽、后足迹长大于宽、前足迹呈U形和前后足差异大等特征，可归为经典的蜥脚类恐龙足迹——雷龙足迹。从足迹长度推断，这批蜥脚类恐龙足迹的造迹者体长约为12米。

兽脚类足迹（邢立达/摄影、绘图）

“鸡爪”足迹毫无争议地归属于肉食性兽脚类恐龙足迹。兽脚类恐龙足迹非常容易识别，它们各趾的前端都有尖锐清晰的大爪痕。延庆发现的兽脚类足迹属于跷脚龙类，长13~17厘米，具有高长宽比、爪痕尖锐等特征。从足迹长度推断，这批兽脚类恐龙体长约为2米。

在这批足迹上面，我们还发现了大量的波痕与泥裂，这表明恐龙留下足迹的地区曾经是水畔，这也符合动物活动的规律。次日，为了观察高处的地质遗迹，我们向当地市政管理局请求帮助，他们支援了高空作业车。张教授和我进入吊篮，被抬升到离地面10余米的高度，我们仔细打量着波痕，想象着曾经微波荡漾的水畔。正当我们准备下降的时候，一个不经意的回头让我们看到，阳光打在细腻的砂岩上，岩壁上映出大片有规律的凹坑。天啊！全部是恐龙足迹！

直到现在，当我回忆起当初所见时，仍然激动不已，这或许就是古生物学最大的魅力了。第二批发现的恐龙足迹多达上百个，由大量的蜥脚类与兽脚类恐龙足迹组成。蜥脚类留下了长长的行迹，而它们的天敌

岩层面上的波痕发育（邢立达/摄影）

兽脚类恐龙则在前者的行迹中来回穿梭，一个活生生的史前捕猎现场就这样毫无保留地呈现在我们眼前。

有趣的是，在化石点不远处，我们还发现了一个可能的两趾型兽脚类足迹，暗示着其造迹者为恐爪龙类。恐爪龙类最大的特点是，脚部只

科研人员站在高空作业车上考察岩面足迹（邢立达/摄影）

肉食龙留下的行迹（邢立达/摄影、绘图）

肉食龙对蜥脚类恐龙虎视眈眈（张宗达/绘图）

有两个趾头接触地面，而且它们的脑容量很大，智力发达，长长的尾巴则起着平衡作用。它们可能会用一只脚支撑身体，而用另一只脚猛抓猎物；或是像猫科动物一样用前爪抱住猎物，同时用两只后爪进行攻击。

截至目前，延庆发现的恐龙足迹沿山体向上分布，一号点下部暴露出的足迹为30个，清晰的行迹有2道；一号点上部暴露的足迹至少有数百个，成串的行迹有六七道；二号点暴露出的足迹为15个；五号点暴露出的足迹为9个。其他3处化石点基本由恐龙幻迹（造迹者通过砂层在其下的泥层留下足迹而生成的砂质足模，好比在一页纸上用力地写字，在没有损坏下一页纸的情况下在上面留下的痕迹，这相当难得）组成。根据现场情况分析，更多更好的恐龙足迹或存在于尚未揭露的岩层中。在这些足迹中，恐龙足迹的造迹者包括虚骨龙类、可能的恐爪龙

一号化石点上部的足迹群，中型蜥脚类足迹和兽脚类足迹交错（邢立达/摄影）

类、大型蜥脚类、中型蜥脚类和鸟脚类，这些物种组成了多样性的恐龙动物群，为承接随后出现的热河动物群提供了绝佳的演化样本。

当时令我尤其激动的是，我以为这是北京第一次发现恐龙活动的证据。遗憾的是，后来中国科学院南京地质古生物研究所的黄迪颖老师告诉我，北京首次发现恐龙化石的地点不是延庆，而是房山。时间可以追溯到1993年6月9日，由中国地质科学院和北京自然博物馆两方人员组成的野外联合考察组，在京郊房山崇青水库岸边距周口店猿人遗址20多千米处，进行白垩纪地层调查和化石标本采集工作，其间地质科学院地质研究所的田树刚老师发现了一段长30~40厘米的恐龙肋骨化石。相关专家做了初步鉴定，认为它来自蜥脚类中部背椎左侧的肋骨。但之后直到我们在延庆的发现，北京便没有发现过恐龙化石。而且，与延庆大面积的恐龙足迹群相比，房山发现的恐龙化石要逊色不少。此外，北京延庆还是世界首都圈中首个发现恐龙足迹的地点，对促进地方经济发展也有重要的意义。

一号化石点下部的足迹（邢立达/摄影）

一号化石点下部足迹的三维成像（邢立达/制图）

延庆恐龙遗迹点场景复原图（张宗达/绘图）

直到现在我还记得，在2012年壬辰龙年即将到来之际，收获这批恐龙足迹的我是多么开心。在去机场的路上，我满心欢喜地往西北方向望去，那里是北京延庆，曾经的恐龙伊甸园。

在水源地周围，成群结队的大型蜥脚类恐龙仰首长哮；伴随着枝叶不时的“噼里啪啦”的断裂声，大群蜥脚类恐龙从茂盛的森林里鱼贯而出；远处的肉食龙群见有机可乘，便从不同方向飞奔而来，溅起的泥泞甚至弄污了它们的羽毛，正当蜥脚类准备防御时，肉食龙群突然调转方向，扑向了近处的鸟脚龙类，惊得后者仓皇而逃……

龙年，西北望，龙腾帝都。

2.6 京西有猛龙

2.6.1 凤凰山与落凤坡

在京西诸地中，有一处名叫赤城，坐落于燕山余脉之上。在过去的若干世纪里，有文字记载抑或无文字记载的时代，这里出没着山戎、柔然等游牧民族，与各朝兵刃相见，好不热闹。在赤城县南约8千米处，有一座四季常青的山，在比例尺为1：50 000的地图上注记为“凤凰山”，海拔高程为1 296.7米。这是当地百姓祖祖辈辈流传下来的叫法，原因是什么，谁也说不清楚。我询问年纪较大的老乡，他们的说法是，“这里风水好，是凤凰落脚的地方。”

久而久之，这片凤凰落脚之地便有了一个传奇的名称——“落凤坡”。落凤坡，顾名思义，就是凤凰曾经落脚的地方。人们都认为，凤凰不落无宝之地。可究竟什么是“宝”？传统意义上的宝无非是金银珠宝之类；这里确实有宝，但不是金银珠宝，而是一个个奇怪的石爪印，并且在多年后引出了一个重要发现。

2001年年初，落凤坡的故事在赤城一带传开了。有人信誓旦旦地说：“我在东边的落凤坡上亲眼见到了凤凰的脚印！”这个消息很快就传到赤城县职教中心的孙登海老师耳中。偏爱历史地理的孙登海在2月18日这天骑着自行车出发了，经过多方打听，终于在县城东南7.5千米、112国道西侧的张浩村边找到了传说中的落凤坡。该坡对面便是北宋名将杨业的后人杨洪的坟墓，但早已是一派破败景象。落凤坡其实只是一个小山洼，若不刻意寻找，没人会留意到这样一个杂草丛生的荒沟。

2月的北国，寒气逼人。好在落凤坡并不陡峭，孙登海老师三步并作两步登上了山坡。眼前的一切确实令他惊讶不已，只见密密麻麻的足迹“刻”在粗糙的砂岩上。这些足迹大小有别，却有一个共同特征：它们都为三趾型，外形酷似巨大的鸡爪子。在这片100多平方米的岩石上，清晰的足迹达到100多个，最大的一个长41厘米、宽30厘米，最小的一个长11厘米、宽8厘米，大多数足迹长约30厘米、宽约20厘米。

这分明是禽类的脚印，“落凤坡”的名字原来是这般来历。孙登海老师初揭谜底，备感兴奋，但转念又想，这些足迹会不会是远古的恐龙或者有翼的恐龙留下来的呢？或许在亿万年前，眼前这块大石头是一片滩涂，而后在沧海桑田中沉积为石……

在亲眼看见了所谓的“凤凰足迹”之后，孙登海老师向县政府报告了情况，并致信告知中科院古脊椎所的董枝明先生。2001年4月，董枝明一行人专程到赤城进行实地考察，通过足迹的形状、大小、方向等要素将其认定为三趾型兽脚类恐龙的足迹化石。临行前，董枝明还告诉孙登海，落凤坡附近几十千米的范围内可能还有恐龙足迹化石，如果有兴趣可以再去找找。

董枝明的话坚定了孙登海的信心。此后，每逢周末，他都会到山沟里寻找恐龙足迹化石。果然，他在距落凤坡6千米处的寺梁村又发现了类似的恐龙足迹化石。如此多的恐龙在此处嬉戏，这可真应了唐朝诗人陈子昂的名句“携手登白日，远游戏赤城”。

落凤坡上的足迹（邢立达/摄影）

2.6.2 注意！“似鹬大鸟”出没

赤城足迹群前后迎来了中国、日本的诸多古生物学者的考察，我也将其列入了考察日程表。2009年，我事先联络了孙登海老师与赤城县国土资源局的赵慧强局长，并与好友梁宇一起驱车前往。赤城的路修得很好，穿行其间，随处可见古长城和烽火台。

落凤坡也非常好走，车直接可以开到化石点跟前。花了几天时间，我们做了详尽的工作，对足迹化石逐一拍照、绘图、翻模。在后期的处理中，我们又合并数百张照片，制成了大型足迹分布图，用于判断足迹的走向。

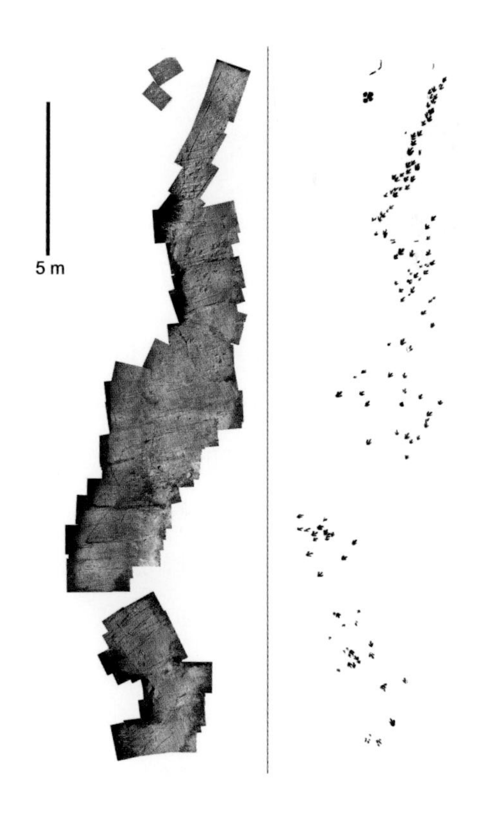

落凤坡上的足迹分布图（邢立达/摄影、绘图）

这些恐龙足迹大致可分为三大类：大型兽脚类、小型兽脚类和可能的游泳足迹。其中，小型兽脚类足迹占绝大多数，基本为三趾型，两足行走，趾端有明显的爪痕。一般来说，三趾型足迹的第三趾最长，第二趾和第四趾较短，第一趾则更小或者消失。而且，不少趾上还会有隆起的块状结节，那就是肥嘟嘟的趾垫了。

这些兽脚类足迹属于

落凤坡上的三趾型足迹（邢立达/摄影）

冀北—辽西地区十分常见的三趾型跷脚龙足迹（*Grallator*），与窄足龙足迹相似。跷脚龙足迹是最古老的恐龙足迹之一。“一定就是这种类似鹬的大鸟，出没在岸边、湖滨或河口的沼泥上，留下了这些足迹。”最早发现这类足迹的美国学者希区柯克如是说。希区柯克根据足迹的外形与特征，判定这种巨鸟当时生活在水边，与一种名为鹬（意指踩着高跷的鸟）的水禽有很大的关系。我相信，任何看过这些足迹的人都会同意希区柯克的观点，它们有着2个趾垫的内侧趾（第二趾）、3个趾垫的中间趾（第三趾）和4个趾垫的外侧趾（第四趾），这些都像极了现生的古鸟类足迹。再看跷脚龙足迹狭长的外形，相比较宽的水鸟脚印，它们更类似于鸣禽的狭长脚印。此外，这些狭长的足迹还有着长长的步幅，希区柯克据此赋予其中一种跷脚龙足迹“善奔”的种名，便于我们以一只敏捷两足动物的形象去想象这种动物。如今，三叠纪的跷脚龙足迹的造迹者被视为腔骨龙类。腔骨龙属于兽脚类，体态轻盈，身长约2~3米，臀部高约1米，体重20千克左右。

跷脚龙足迹类在我国发现较多。1940年，日本古生物学家矢部长

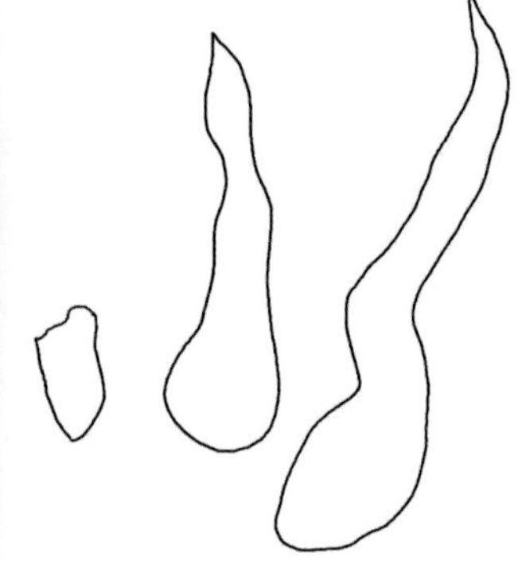

游泳迹，左为照片，右为绘图（邢立达/摄影、绘图）

克在辽宁省西部朝阳县的羊山四家子侏罗—白垩纪地层发现了恐龙足迹，有4 000余个，都属于同一类恐龙，被命名为斯氏热河足迹。1942年，日本古生物学家鹿间时夫详细研究了这批足迹，将其归入跷脚龙足迹类。1957年，美国学者贝尔德将其并入安琪龙足迹。1960年，杨钟健先生重新对它们进行了研究，他反对此归并，认为热河足迹并没有发现第一趾迹，应该与跷脚龙足迹更加近似，所以他主张保留矢部等人的命名。1989年，该足迹被甄朔南先生等人归入跷脚龙足迹，被称为斯氏跷脚龙足迹。

窄足龙足迹最初发现于北美，此前在亚洲没有相关记录。这种足迹最大的特征便是雪茄状的粗壮脚趾，疑似的游泳迹是一些近乎平行的刮痕。恐龙下水后，在湖底先留下“正常”的足迹，随着湖泊深度的增加，它们脚部能接触到的水底越来越少，足迹逐渐变浅，三个趾印也不能完整留存。当深度到了它们只能“踮起脚”狗刨的时候，这些足迹就变成了平行的、长长的爪痕。然而，当初这些不起眼的痕迹如今却成了恐龙戏水的铁证。

追溯到距今1.45亿年的侏罗纪与白垩纪之交，凤凰山一带应该有一处古湖泊，湖畔植被茂盛，松柏类的坚叶杉郁郁葱葱，水边生长着大片酷似萍蓬草的植物，金黄色的枯叶灿烂如阳光铺洒在水面上，映衬着粼粼波光和翩翩虫影，湖泊中生活着大群硬骨鱼类。大群恐龙在湖畔繁衍生息，其中不乏善泳者偶尔下水觅食，打打牙祭。千万年间，沧海桑田，这些恐龙活动的足迹幸运地保留下来，成为恐龙足迹化石。

2.6.3 孤独的杀手

由于跷脚龙足迹类十分常见，我当时略感失望，在测绘了全部足迹后便赶往下一个足迹点：寺梁。谁知这段路非常崎岖，因为不通公路，我们需要徒步几个小时才能到达。寺梁虽名为村，却只剩下几位留守老人，看上去非常荒凉。孙登海老师与放羊的老人把我们领到山后的化石群处，同样是恐龙足迹密布，几乎分布于山头各处，但这里保存得远没有落凤坡好。

日落时分，我们即将收队时，却意外在山腰发现了4个连续的小足迹，它们非常小，仅长数厘米，却牢牢抓住了我的目光，因为这批小足迹竟然只有两根脚趾！它们是不是属于恐爪龙类？我们都意识到这可能是一个非常难得的发现，并在第二次考察时专门为这批足迹制作了模具，准备带回实验室仔细研究。

恐爪龙类恐龙包括伶盗龙类与伤齿龙类，前者为人熟知，就是因为电影《侏罗纪公园》中那群凶猛的掠食者，后者则是最聪明的恐龙物种。这类恐龙的共同之处就在于，它们都长着大型的、弹簧刀般的第二趾，这是它们捕猎的“杀手锏”。有趣的是，它们的第二趾在平时行走

意外发现的连续足迹（邢立达/摄影）

恐爪龙脚部化石还原图（邢立达/供图）

时并不与地面接触，于是只留下了两趾型足迹，这些足迹统称为恐爪龙类足迹。

恐爪龙类足迹在全球发现得非常少，当时命名的仅有我国山东的山东驰龙足迹（*Dromaeopodus shandongensis*）、四川的四川伶盗龙足迹（*Velociraptorichunus sichuanensis*）和韩国的哈曼驰龙型足迹（*Dromaeosauripus hamanensis*），已发现但没有命名的有美国犹他州等地的驰龙类足迹。这些足迹都来自早白垩世，其中最小的长约10厘米，多数的长度则在26厘米以上。而我们此次发现的足迹则来自距今1.4亿—1.3亿年的侏罗—白垩纪界线，仅长6厘米。

兴奋的情绪平复之后，我们在研究的过程中遇到了一个严峻的问题。由于这批足迹发现于以含砾粗砂岩为主的地面上，足迹并不是很明显，该怎么办呢？幸好此前用非接触式光三维扫描仪对恐龙化石进行扫描的经验启发了我，对足迹进行三维扫描也未尝不可，世界上早有此类应用，这样做或许可以得到足迹的更多细节。

尝试的结果非常成功，在我们开发的国内首个恐龙足迹图片处理软件中，足迹的轮廓、深浅一览无遗。在进一步的比对与研究后，2009年，我们将这些足迹定为新属种——中国猛龙足迹（*Menglongipus sinensis*），其属名“猛龙”赠予中国航空工业集团公司旗下成都飞机工业有限责任公司的歼10“猛龙”战斗机。“猛龙”是中国最新一代单发动机多功能

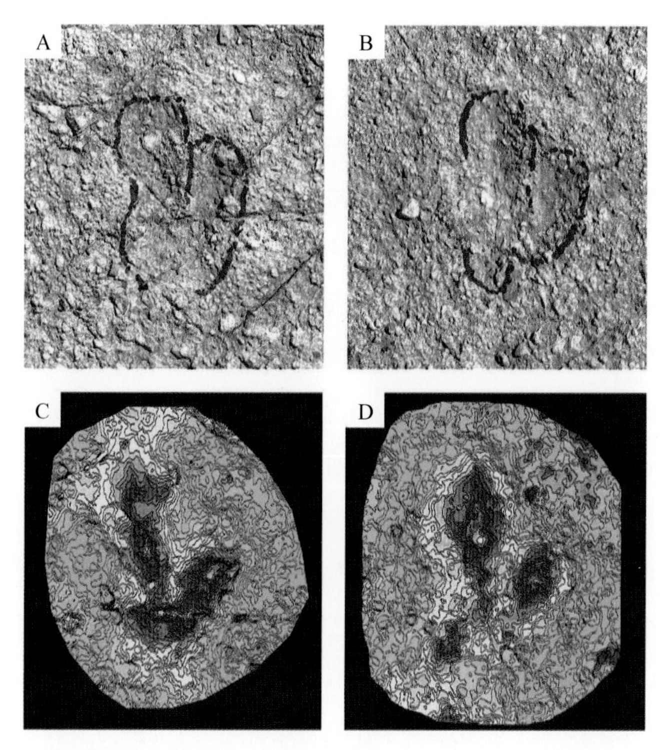

中国猛龙足迹（A和B）与三维成像（C和D）（邢立达/摄影）

战斗机，足迹属名取其强悍、高机动的战斗力之意。中国猛龙足迹被发现后，它成为恐爪龙类足迹中最小、最古老的成员。而且，猛龙足迹的第四趾明显短于第三趾，这使得它们与伤齿龙类的关系更加密切。

猛龙足迹的发现还为“恐龙演化为鸟”这个备受瞩目的研究课题提供了佐证。我们知道，恐爪龙类所属的近鸟类被视为与鸟类亲缘关系最近的恐龙类群，它们应是驰龙科、恐爪龙类和鸟类最近的共同祖先。2007年，古生物学家透纳等人在《科学》杂志上发表论文，认为近鸟类的祖先不能滑翔或飞行，而且体型应该非常小，身长约为65厘米，体重为600~700克。虽说辽西热河生物群发现了身长为40厘米、善滑翔的小盗龙，但它们都发现于较晚的义县组（距今1.2亿年）。而由此次发现的中国猛龙足迹推测，造访者的体长约为65厘米，而且是在侏罗—白垩纪界线里。这不但非常接近于透纳提出的基干近鸟类的体型，也表明恐爪龙类早在义县组之前便出现在该地区。这批小小的足迹把这类恐龙的生存年代一下子往前推了2 000万年。

有趣的是，我们还注意到了恐爪龙类足迹背后的古动物群组合，它们都和什么种类的恐龙生活在一起呢？据统计，恐爪龙类足迹总是与跷脚龙类足迹被同时发现，这暗示着恐爪龙类已经占用了与其他兽脚类相似的生态系统，但这些被占用的生态区位也有别于其他兽脚类的生态区位；而且，恐爪龙类极少进入其他兽脚类青睐的栖息地。值得注意的是，在过半的恐爪龙类足迹中，都伴随着一种更小“恐龙”的足迹——小龙足迹（*Minisauripus*），这暗示着这两种足迹造迹者的关系非同一般。

我们已经知道，恐龙足迹学作为恐龙研究的一个新分支，起到了恐龙骨骼化石无法替代的作用。因为足迹可以告诉我们恐龙日常生活的精彩一瞬，还能解释恐龙与周围环境的关系，这些都是古生物学家梦寐以求的宝贵信息。

第三章

白垩纪

——万龙奔腾

3.1 绝壁上的莲花传说

3.1.1 香火缭绕的修仙之地

在被各种传说环绕的中国名山大川之中，重庆綦江老瀛山的确没有什么特别之处。翻开地名志，也只是写着此山位于綦江三角镇红岩坪，得名于“传为老氏修炼遗址，状类蓬瀛”。这句话的意思是，据传道教始祖老子曾经在此修炼，山体形态似蓬瀛而得名。山上有座香火缭绕的白云观，至今仍有善男信女前去求拜。

远远望去，整座山笼罩在如丝般细腻的晨雾中，清风吹过，展露出如剑削过般齐整的火红岩体。这种典型的丹霞地貌在中国西南地区并不多见，雾气中倒也有几分清扬风骨。此时车窗外掠过一个硕大的牌坊，上面镌刻着“市级森林生态自然保护区”字样。但迎接访客的并不是茂密的森林，而是一座简约的小村庄。

2007年，我的首次足迹化石考察，就是从这个小村庄迈出了第一步。“你是去寨子里看石坑坑的吧？我们从小就在那里耍，反正是看不明白。”初次见面，村民刘照同一下子就猜到了我的来意，他热情地帮我背上沉重的背囊，憨厚地笑着。在他眼里，这几年纷至沓来的学者和游客并不会打扰他们的生活，反而平添了许多乐趣，甚至增加了额外的收入。“现在政府把土枪都收缴了，不然我就可以拿野猪肉招待你了。”刘照同此时已经开始琢磨中午给我们做什么饭菜了。

从山下民居到寨子的垂直高度不过200米，路险林密，偶尔露出的

莲花保寨的内部关隘（邢立达/摄影）

莲花保寨的石头牌匾（邢立达/摄影）

岩石上满是大小不一、浑圆光滑的卵石，暗示着此地在亿万年前是一处河道，古河道的流水长年冲刷，将石头打磨得又圆又滑。卵石层之上便是山寨所在，说是山寨，但这里并没有木结构的寨体，只有一个巨大的天然横向凹洞。寨口山门相当狭小，仅容两个人侧身而过，颇有一夫当关万夫莫开的架势，头顶的石条上刻着“莲花保寨”四个大字和“同治元年五月书”的一列小字。

入口的五级石阶又窄又滑，刘照同将我拽上大石，指着一旁几个方正的石槽说道：“此处原来有一座吊脚楼，站在上头能把山下的村子看得清清楚楚，如果跑丢了羊，在这里准能望见。”如果将山寨比喻成一座古老的庭院，那么从山门到“石坑坑”所在的“中庭”要经过四进，每一进都是一处宽敞的平台，其间由狭长的通道或石门连接。“中庭”约有60平方米，“石坑坑”就印在相对平整的砂岩地面上，多达数百个，大如象足，小如鸡爪。“石坑坑”的深浅也不尽相同，脚印越大陷得越深，最深的约为2厘米，最浅的则不足1厘米。这些“石坑坑”虽然名声在外，此时看起来却毫不起眼。我顿时明白了乡民最初的困惑，仅从外观看，这里不过是一处坑坑洼洼的地面。然而，对我而言，这却是我

莲花保寨中的“石坑坑”（邢立达/摄影）

小朋友和恐龙足迹对比（邢立达/摄影）

头顶也能看到恐龙足迹（邢立达/摄影）

第一次亲眼看见如此迷人的恐龙足迹。我快步走了过去，跪在足迹边上，用小毛刷轻轻拂去离我最近的一个足迹上的尘土。

刘照同看着我的举动觉得好笑，自顾自摆起了龙门阵，说起了老瀛山上山寨的传说。很久以前，这里曾是一片水泊，盛开着大片的莲花。百万年间沧海桑田，莲花消失了，留下来的是地上的一个个凹坑，甚至还有片片“荷叶”。遗憾的是，这处“莲花”奇景并没有给这里带来宁静与祥和。因为山寨地处绝壁，地势易守难攻，在历史上的无数次战乱中，这里自然成了极好的避难所或兵家必争之地，山寨也因此蒙上了一层血色。

相传明朝末年，“八大王”张献忠攻打四川时，曾派一队人马进攻此山寨。打了数日不见成效，他们便找来大量辣椒、叶子烟、皂角等堆在山下烧，这招非常毒辣，滚滚浓烟很快就将寨内人悉数熏毙。烟雾散尽之后，张献忠的军队在寨内大肆抢掠，他们的坐骑也在地上留下了深深的蹄印。刘照同说族长还特别提到，以前村民在山上挖土时发现了很多白骨和少量古代兵器，估计就是那时留下来的。

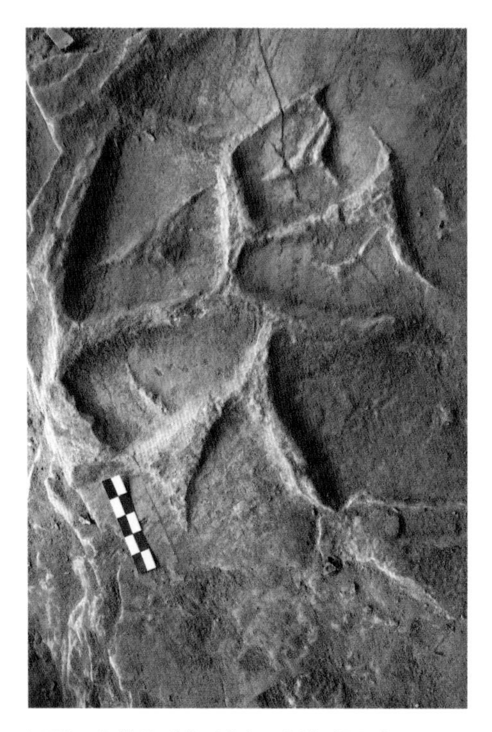

泥裂，也就是“莲叶”（邢立达/摄影）

到了清朝同治年间，村民开始在山寨里休养生息，他们用条石、土墙把寨子隔成大约13间“房间”，每间约60~70平方米，彼此由通道相连，里面设有岗哨、水槽、储物室、休息室，地面上就是这些神秘的印记。直到近代，这个山寨才因交通不便而逐渐废弃，成为山民茶余饭后的小小谈资，甚至蒙上了一层玄幻的色彩。

村民邹世民告诉我，1959年刚上小学一年级的他，曾多次听老人黄炳清提起，每逢月光皎洁的夜晚，莲花保寨中的小瀑布上便会绽放出一朵硕大的莲花。一旁的刘照同连忙点头，说他也曾多次听老人们说起莲花保寨的夜莲花。

野史与传说，修仙与野物，这座寨子和老瀛山留给外人的印象一直只有这些。

3.1.2 有心人的大发现

村民们谁也没有料到，一位有心人的偶然发现极大地改变了这里，寨子和山岭也因为“石坑坑”而变得独特起来。

2003年，供职于綦江县国土资源和房屋管理局的王丰平率队前往三角镇一带考察地质灾害，在莲花保寨里偶然发现了这些奇怪的“石坑坑”。当时他就在想，这会不会是什么动物的足迹化石？长期的野外作业让王丰平看起来充满活力，比实际年龄要年轻一些。他拥有地质学专业背景，所以比其他人多了些职业敏感性：这些“石坑坑”呈现出一定的规律，都沿着一个方向前进。

王丰平脑海里闪过的这个念头在数年后得到了证实，2006年10月，重庆自然博物馆的前馆长周世武先生和川东南地质大队的考察队员来到这里，经过考察，他们认定这些“石坑坑”是白垩纪恐龙足迹。发现之初，周世武非常兴奋，但囿于交通不便和时间仓促，他不得不与考察队员用宣纸、墨汁，仿照考古学中拓碑的方式，将几个最有代表性的足迹拓印下来。在世界恐龙足迹研究史上，这种记录方法大概是头一回，这份特殊的作品至今还保存在綦江地质公园的博物馆中。

那一年，我24岁，厌倦了待在象牙塔中“盲人摸象”，便跟随董枝明老师前往云南禄丰挖掘恐龙化石。当我从新闻报道里听说这批白垩纪恐龙足迹时，心里万分懊悔，这不仅仅是因为我对从未见过的恐龙足迹充满好奇，而是因为我曾与它们遗憾地擦肩而过。2006年夏我在四川盆地考察恐龙化石时，行程中原本包括这批印记。但是，当时重庆遭遇了60年不遇的特大旱灾，连续61天气温都在40摄氏度以上，山火频频发生，我只能临时改变计划。懊悔之中，我与王丰平取得了联系，快速奔

学者正在制作足迹拓片（王丰平/摄影）

莲花保寨恐龙足迹所在的主层面（邢立达/摄影）

赴化石点，尝试着揭开四川盆地白垩纪恐龙足迹的秘密。

为什么这些“石坑坑”如此重要呢？这是因为綦江位于四川盆地东南边缘，这个红色盆地以盛产恐龙闻名，恐龙化石点多达上百个，已发现的恐龙几乎囊括了距今约2.05亿—1.35亿年前侏罗纪的所有已知恐龙种类，该地区的自贡恐龙博物馆是目前世界上收藏和展示侏罗纪恐龙化石最多的地方。然而，在这些辉煌的背后却隐藏着一个遗憾：在侏罗纪之后的白垩纪，四川盆地几乎没有任何相关恐龙化石的记录，目前发现的只是一些残存的证据，虽能表明恐龙在此地生活过，但具体细节我们却无从知晓。

而莲花保寨发现的恐龙足迹则近乎完美地回答了这个问题。在1亿年前的白垩纪，这里生活着草食性的鸭嘴龙类、蜥脚类，肉食性的兽脚类、古鸟类，以及会飞行的爬行动物翼龙类，是一个颇具多样性的恐龙动物群。此外，它们还与此地发现的侏罗纪大群蜥脚类恐龙形成较大的差异，考察人员不需要挥汗如雨地挖掘骨骼化石，仅仅一片足迹便能很好地诠释物种的更迭。

这片恐龙足迹中最醒目的是鸭嘴龙类足迹。典型的鸭嘴龙体长10米左右，并长有一张扁平的“鸭嘴”，里面密密麻麻地排列着大约2 000颗菱形的牙齿，一度保持着已知恐龙中“牙齿最多”的世界纪录。多块保存完好的鸭嘴龙化石还帮助古生物学家轻松地了解到其脚部的形态。从后足脚底

古鸟类足迹（邢立达/摄影）

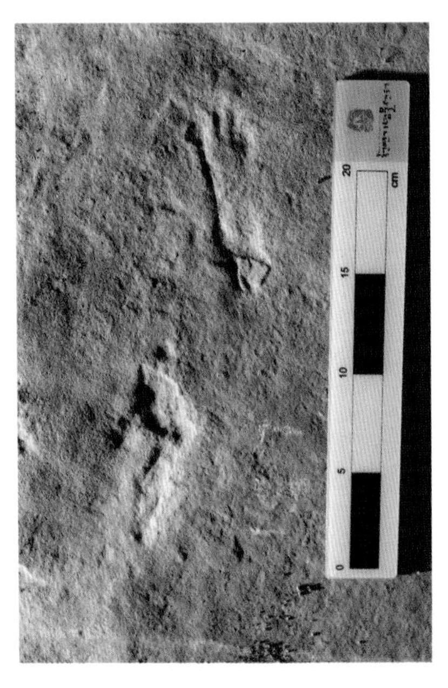

翼龙足迹（邢立达/摄影）

看，它们会留下苜蓿叶状的足迹，而前足则出奇的小，还不到后足迹的1/4。这些特征与莲花保寨足迹一一对应，在形态上，它们与卡利尔足迹非常相似。卡利尔足迹最初发现于巴西的鱼河群地层，因卡利尔盆地而得名。此前，卡利尔足迹包括显著卡利尔足迹、莱氏卡利尔足迹和首壮龙痕卡利尔足迹3个种，分布在美国的科罗拉多州、得克萨斯州、俄克拉荷马州、新墨西哥州、怀俄明州和弗吉尼亚州，在亚洲的韩国、日本也有发现。綦江的卡利尔足迹就前足迹、跖骨印痕和趾间夹角等要素而言，都有别于此前的3种卡利尔足迹，为此我确定了一个新种，种名“莲花”，以纪念其发现地莲花保寨。

莲花保寨的恐龙足迹是如此精彩，就像大自然用一部天然照相机为当时的动物活动拍下的张张特写，引人遐想。其中最有趣的一幕，就是岩壁深处一块看上去像小树桩的石头。王丰平最初认为它是硅化木，便敲下一块“树皮”，可惜里面什么结构都没有。事实上，这块石头是一个三维结构的足迹。也就是说，是在一只鸭嘴龙陷入泥泞，拔出龙脚之后，沉积物填充了足迹内，从而铸成了一个龙脚模型。研究表明，鸭嘴龙类在遇到质地黏稠的地面时，会从四足行走的运动姿势切换为两足行走。然而，其脚趾不寻常的弯曲则表明，鸭嘴龙类脚部的灵活性超出了

翼龙足迹的造迹者（张宗达/绘图）

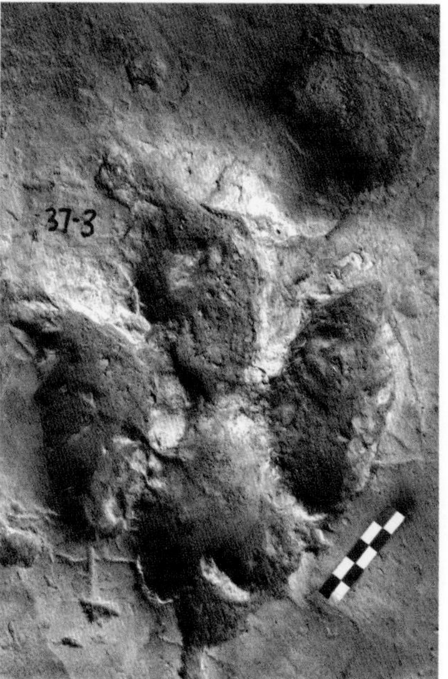

左图为典型的莲花卡利尔足迹行迹，右图为足迹特写（邢立达/摄影）

卡利尔足迹的造迹者
（张宗达/绘图）

小树桩似的立体足迹（邢立达/摄影）

人们的预期，这个发现将影响鸭嘴龙类运动方式的重建。这么深且保存了各种细节的足迹，全世界范围内也没发现几处。

中国是恐龙足迹的发现大国，但诸多化石点往往地处荒野，没有人类活动的痕迹。相较之下，除了大量的恐龙足迹之外，莲花保寨还保存着完好的要塞结构和历代题刻，构成了中国古人在恐龙足迹化石点上长时间生活的直接证据。首都博物馆考古学家陈郁考察该足迹点之后认为，这一时段可能长达700年。因为在这些不同朝代的石刻中，有确切纪年可考的最早题记来自南宋，是莲花保寨化石点已知的最早文字记录；题记时间正值南宋末年，这里很可能是当地民众躲避蒙元军队的避难所。清代同治元年（1862年）将此地命名为“莲花保寨”，意指有莲花存在的或为莲花所护佑的山堡寨垒。

在人类活动的过程中，化石点的泥裂、足迹和波痕，被演绎成荷叶叶脉、莲花和水环境，并成为当地传说的一部分。美国斯坦福大学古典学系的阿德里安娜·梅尔认为，莲花保寨的情况暗示恐龙足迹参与了中国部分古地名、民间传说的形成。由此可见，这些古地名、民间传说日后或可成为寻找恐龙足迹的一类线索。

如今，这片被古生物学家视为圣地的化石点，已被纳入占地108平方千米的“綦江木化石－恐龙足迹国家地质公园”。在国家资金的扶持下，那段颇为难行的羊肠小道被水泥道代替，险峻的莲花保寨外围被条石和防护栏层层保护着。虽说化石点失去了几分原始的味道，但游客的安全却得到了保障。随着更多配套设施的竣工，莲花保寨区域最终会成为一个展示綦江独特古生物遗迹的窗口。实际上，伴随着地质公园的申报与构建，这个小山村的面貌也在悄然改变着。村民刘照同说，等地质公园建成后，他们的生活会更红火，因为路好走了，山货好卖了，亲戚朋友也可以随时过来做客了。

在我国本土的大型恐龙足迹群、恐龙化石、马桑岩木化石遗址、丹霞地貌中，綦江国家地质公园确实颇具特色。莲花保寨的恐龙足迹既有古生物学意义，又能与其长达700余年的人文历史一道变得不朽。我想，如果数百年前那些或居或游于莲花保寨的文人雅士得知，这座古老的寨子演绎出了“人与龙迹，道法自然”的新概念，也会莞尔一笑吧。

3.2 蜀地恐龙的漫漫长路

3.2.1 桂花乡的石凤窝

在我诸多的恐龙足迹发掘成果中，不少重要线索都是当地有心人提供的。其中在四川泸州古蔺桂花乡政府工作的徐挺先生，就是令我印象相当深刻的一位。正是因为他的努力，一个异彩纷呈的白垩纪恐龙世界才得以与世人见面。

长久以来，桂花乡一直盛传山里有“凤凰足迹”和“神仙脚板”。泸州市古蔺县桂花乡汉溪村的村民都知道村子后面有一片很长、很平的石板滩，每到收获的季节，他们就会将收获的谷子背到这片滩上晒。但后来农事渐少，这个晒坝用得也越来越少。晒坝暴露出来的宽度曾经达到65米，直接连到两侧的山壁上，只是现在两端都被茂密的植被覆盖起来了。石板滩的中间有一道长长的“凤凰”足迹，村民们都见过，“石凤窝”也因此得名。

这些传闻引起了在乡政府负责旅游工作的徐挺的兴趣。为确定这些足迹的来历，从2014年4月中旬到7月初，徐挺利用工作之余的时间深入山林沟壑，共去石板滩查看了6次。他先是拍照、测量，然后上网查找相关资料。通过资料分析和实地查看，他初步认为石板滩上的足迹可能是恐龙留下来的。不过，村民对此压根儿不买账，很多人觉得，那就算不是凤凰的足迹，也是龙的足迹，不可能是恐龙的足迹。在石凤窝附近，徐挺还发现了一些奇怪的足迹，有的呈圆形，有的是二趾型，和牛、羊等偶蹄类动物的足迹类似。它们会不会也是恐龙足迹？7月，徐挺将这些奇怪的“疑似恐龙足迹”的图片发到网上，立刻被多家网站转载。

在网上看到这些图片时，我兴奋不已。从发现地点看，这些足迹来自下白垩统夹关组，与綦江老瀛山足迹点一致。此外，图片上的凹坑有非常清晰的爪痕，可以确定是恐龙足迹。几日之后，我便和自贡恐龙博物馆等机构的人员组成了一个恐龙足迹联合研究团队，又通过刘建辗转联系上徐挺。就这样，我们一行7人赶赴现场，实地考察恐龙足迹。

初次见到徐挺时，他的模样跟我想象的差不多。当时他刚40岁出头，体型敦厚，中等身材，随身背着一台照相机，浑身透出一股精干劲儿，说话铿锵有力且富有节奏。在借调到党政办协助开展古蔺桂花乡旅游产业的开发工作之前，徐挺是桂花乡香楠小学的校长。他凭一己之力，为桂花乡发现了不少重要的动植物资源和化石资源，被《泸州晚报》誉为“古蔺发现大王”。

徐挺用柴刀开路，将我们带到了现场。我一下子就明白了为什么这些恐龙足迹直到此时才被发现，原来它们深藏在桂花乡的原始森林内，平时被苔藓、灌草等植物覆盖，除非有人刻意寻找，否则很难发现。在此后几年中，我们不断根据徐挺提供的线索来到这里进行深入考察，并发现了一批颇具学术价值的恐龙足迹点，得以一窥四川早白垩世恐龙动物群的面貌。

目前，古蔺桂花乡最重要的足迹点有两处，分别位于石凤窝和石庙沟。它们相距大约3千米，都发现了丰富的恐龙足迹动物群。其中，石凤窝拥有东亚最长的兽脚类恐龙行迹，石庙沟则有生病的恐龙足迹和鸟脚类恐龙足迹新种。

3.2.2 茶马古道龙漫步

石凤窝，这名字听上去就有点儿意思。和前文提到的“落凤坡”一样，凤凰来过，那一定是兽脚类恐龙了。我把恐龙足迹和中国神话传说的关联告诉协助我们开展考察工作的村民，村民听后瞪大了眼睛。他们告诉我，许多年前，一次山体滑坡过后，就形成了这个长约650米、宽65米的石板滩。当时人们在石板滩上发现了这些坑坑洼洼的脚板印，仔细一看，有的像凤，有的像龙，便取名为石凤窝。

在发现这些脚印后不久，人们觉得这里风水不错，就在石板滩下不远处修建了楼阁。村民还津津有味地回忆道，石凤窝曾是茶马古道上的一个节点，除了外地的砖茶，本地的牛皮茶也由这条通路送到外面去。太平天国时期（1862年），石达开在到达大渡河前曾在这里住了3个月，在距离发现恐龙足迹不远的地方还立有石达开的祭台。红军长征时也路过这里，还在附近村民的家里借宿过。

在石板滩上行走一定要当心，雨季的青苔让石板变得很滑，踏上去极易摔倒。石面上随处可见大小不同的石坑，它们就是恐龙留下的足迹。刚一踏上石板滩，我就激动地告诉徐挺：“这些确实是恐龙脚印！”我充分肯定了这位有心人所做的辛苦探索的价值。

我们从石滩最高处开始拉线，每两米做一个标记，同时清理足迹坑中的落叶，并用不同颜色的粉笔标记出不同行迹的恐龙脚印。每次野外考察，这部分工作都要花去一半以上的时间，之后才是更加枯燥的拍摄和测绘。

经过初步研究，我们判断这些足迹留存于下白垩统夹关组。这批恐龙足迹约有300个，根据其形态，至少可分为三类，分别是蜥脚类、鸟

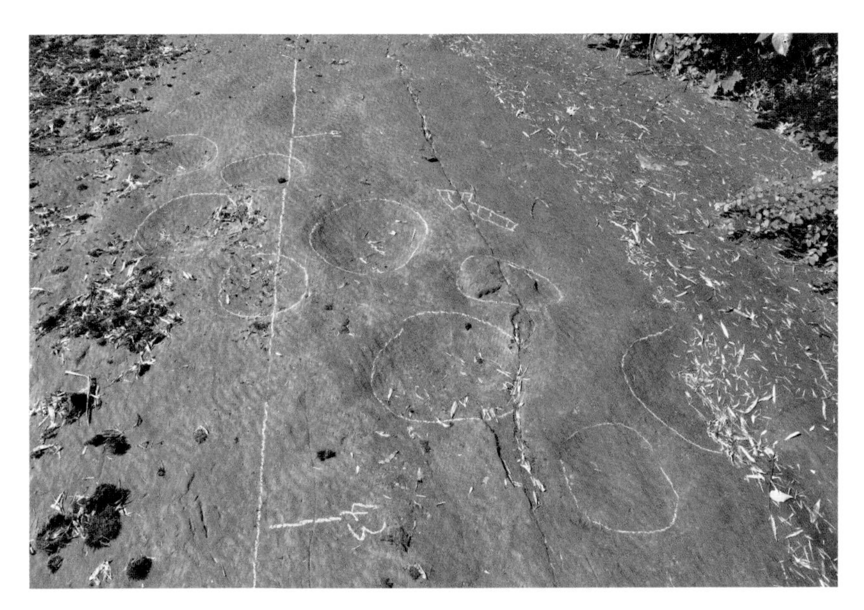

石板滩上坑坑洼洼的足迹，白色箭头为恐龙前进方向（邢立达/摄影）

石凤窝恐龙足迹
（邢立达/摄影）

中国最长的肉食性恐龙行迹（邢立达/摄影）

脚类和兽脚类足迹。大的、椭圆形的是蜥脚类足迹，稍小的三趾型并带有尖锐爪痕的是兽脚类足迹，最小的有着圆钝脚指头的是鸟脚类足迹。

其中，最醒目的是一条三趾型恐龙行迹，足足延伸了69米，大约包括80个足迹，从形态上看属于典型的实雷龙足迹。这条行迹是目前中国乃至东亚地区发现的最长的肉食龙行迹。通过恐龙的足迹长度和足迹间距，我们可以推算出恐龙的行走速度。经过测算，这条行迹的造迹者的行进时速为4.25千米，属于正常的步行状态，可能是它在湖滩散步时留下的。

3.2.3 赠予刘慈欣的足迹

石庙沟足迹点也很有趣，我们在15块大型落石上发现了恐龙足迹，它们分布于大约105米的范围内。清理足迹表面后，我们进行了编号、拍照和测量。经初步统计，这些岩板至少包括构成30道行迹的132个足迹。这批足迹颇具多样性，除了常见的蜥脚类、鸟脚类、三趾型兽脚类足迹之外，还有罕见的恐爪龙类和翼龙类足迹，这表明在早白垩世时期此地的恐龙动物群非常繁荣。

我们在前文中介绍过恐爪龙类足迹，但有趣的是，桂花乡的村民把这种小足迹称为“仙人足迹”，相传有一位小个子的仙人从这里走过，这种想象力真是太可爱了。

石庙沟最有意思的一道行迹是由生病的四足恐龙留下的。整道行迹缺少左前足足迹，右前足足迹也没有出现在右后足足迹的前方，而是压在了行迹的中线上。我们据此推测，这只恐龙的左前肢可能带伤甚至部

分被截断，以致没有接触地面，并迫使右前肢在行进中更加靠近行迹中线，以保持三足的平衡。这是中国首次发现确凿的足迹古病理学证据，而且计算得出的行走速度表明，这只生病的恐龙可能已经习惯了这种身体状况，因此它能保持基本的行走速度。

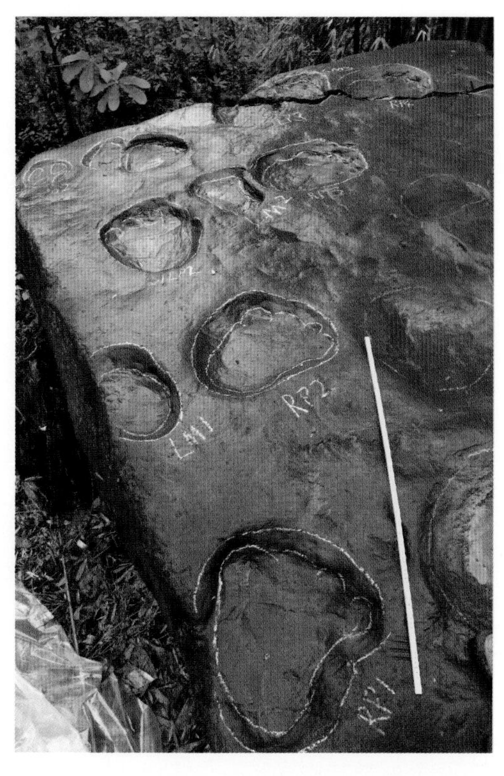

生病的四足恐龙留下的行迹（邢立达/摄影）

此外，我们还在石庙沟发现了一种全新的鸟脚类足迹，长约30厘米，由三个趾和一个胖胖的脚跟组成，看上去十分可爱，就像小猫或小狗的足迹。从形态上看，石庙沟鸟脚类足迹与卡利尔足迹非常相似，但又具有鸟脚龙足迹的特征，所以我们将其鉴定为一个新的遗迹种。当时给足迹起名字的时候，我发现同行中有不少人是《三体》迷，便提议将该足迹命名为“刘慈欣卡利尔足迹”，以此向著名科幻作家、雨果奖获得者刘慈欣致敬，感谢他为提高公众的科学兴趣做出的贡献。

被读者亲切地称为“大刘”的刘慈欣，对这个荣誉感到非常高兴，他告诉我他对恐龙学一直有浓厚的兴趣。古蔺的恐龙遗迹历经漫长的时

足迹现场工作照之一（邢立达/摄影）

足迹现场工作照之二（邢立达/摄影）

刘慈欣卡利尔足迹（邢立达/摄影）

间保存至今并被古生物学家发现，这本身就是一个充满科幻色彩的奇迹，它把我们引向亿万年前的世界，令人不禁浮想联翩。“作为一名科幻作家，我很高兴自己的名字能被用来命名恐龙遗迹，并感谢这个赠予。希望这些恐龙遗迹能够得到很好的保护和研究，为我们揭示远古地球生命的更多奥秘。”

这次与“大刘”的“联名”让徐挺很是开心。他希望桂花乡地质公园能尽早申报成功，为老百姓找到一条崭新的致富之路，届时这里的1万多亩原始森林也会得到保护，并重新焕发出勃勃生机，桂花乡的生态环境和植被也不会因为百姓急于脱贫而遭到破坏。

3.3 进击！大凉山恐龙

3.3.1 只有麻雀那么大！

一曲《美颌龙之宴》中音调尖锐的各式笛声，将拿着午餐的小女孩遭受美颌龙（*Compsognathus*）群围攻的惨状表现得淋漓尽致。电影《侏罗纪公园》开头呈现出的一缕柔情霎时无影无踪，体长仅60厘米、看似可爱的美颌龙面对食物的诱惑竟会表现得如此凶残。

不过，这个发生在南美岛国上的悲惨事件只是电影的过度演绎。抛开凶残的剧情，当时地球上最小的恐龙——美颌龙，牢牢抓住了我的心。昔日动辄高几十米、重数十吨的庞然大物竟然能演化得如此小巧，大自然作为造物主真是无所不能。

无独有偶，在开始研究恐龙足迹之后，我惊喜地发现有一类足迹的造迹者竟然也是小恐龙，而且它们的身型比美颌龙还要小！小龙足迹的最小标本只有1.05厘米左右，是目前世界上发现的最小的恐龙足迹。恐龙足迹的尺寸如此小，意味着其造迹者的体长仅为12厘米左右，也就是一只麻雀那么大。而已发现的最大的小龙足迹长6厘米，估计造迹者的体长为71厘米。

让我们来追溯一下小龙足迹的发现史。它们最早是在20世纪80年代由北京自然博物馆的甄朔南老师发现于四川峨眉，但出于种种原因，相关论文直到1995年年底才正式发表。这批足迹虽然长度很小，但其单步（迈步）却很大（约10倍于足迹长度），这表明造迹恐龙可能有着很快的速度。这篇论文刚一发表便引起了国际恐龙学术界的关注，大家纷纷猜测，这批足迹可能是由一类非常小的食草性鸟脚类恐龙留下的。

小龙足迹（邢立达/摄影）

2002年7月，马丁·洛克利教授和中国地质调查局的李日辉研究员在山东莒南又发现了同类足迹。但不同的是，莒南的这批小龙足迹保存得更好，有着尖锐的趾痕，这意味着它们是肉食性的，而非之前认为的食草性小恐龙。不久后，洛克利教授在韩国再次发现了它们留下的足迹。

如果仅仅是小，那也没有什么特别的。而小龙足迹更吸引人的是关于它们的两大谜团。第一，它们是成年恐龙还是刚出生不久的小恐龙留下的呢？因为科研人员在小龙足迹的周围几乎没有发现任何形态相似的大型足迹，这表明它们很有可能是成年恐龙留下的。第二，它们为何要如此“狂奔”？毕竟，大多数恐龙的奔跑速度并不快。

在这些信息的刺激下，一个研究最小恐龙足迹的想法长期盘踞在我的心头。但这些足迹实在太少见了，是可遇而不可求的研究材料。为了减少我的遗憾，洛克利特意做了一个韩国小龙足迹的模型送给我。

然而，科学是如此令人惊叹，一切的奇妙都可以复现。

3.3.2 成年还是幼年？

2013年6月中旬，四川省地质矿产勘查开发局区域地质调查队环境资源调查所所长杨更和总工程师曹俊带领的区调队，在昭觉央摩租乡洛伍依体村西边进行区域地质调查。一天，队员郑小敏噌噌噌地蹿上公路旁的一块屋檐状巨石，眼前的情形让他瞬间惊呆了，岩壁上密密麻麻的都是枫叶状的突出痕迹。杨更所长闻讯而来，职业敏感性让他立刻想到，距今1亿多年的白垩纪是恐龙横行天下的时代，那么这些奇怪的印记会不会是恐龙足迹呢？它们看起来与自贡恐龙博物馆的那些三趾型肉食性恐龙的足迹像极了！

杨更随后通知了自贡恐龙博物馆的彭光照馆长和叶勇主任，并给他们发去了野外作业照片。彭馆长又把这些照片发给了我。岩壁上15~20厘米的三趾型足迹确实是兽脚类恐龙足迹，但这类足迹的发现量已经相当大，让我见怪不怪。但当我把照片放大到150%的比例查看时，大足迹旁边的一组4个极小的足迹犹如暗夜里的夜明珠，瞬间牢牢地抓住了我的目光，是小龙足迹！

这是世界上第四例小龙足迹，机会终于降临到我身上。这是一段说走就走的旅程，我迫不及待地想看到这批小龙足迹。我与彭馆长等人一道，顶着大凉山地区7月的炎炎烈日来到了化石点。但好事多磨，足迹化石高高在上，而且是在外凸的岩檐下，常规的攀岩下降手段竟然无法派上用场。我们眼看着足迹就在几米开外，却无法触碰，第一次考察就这样铩羽而归。一想到数据没采集到，有限的差旅经费却所剩无几，我们心里都难受得很。

2014年7月2日，我们做了充足的准备，第二次赶赴昭觉。刘建、

昭觉小龙足迹考察现场（刘建/摄影）

作者和马丁·洛克利（右一）一起测量恐龙足迹（王申娜/摄影）

蒋峻、马丁·洛克利教授、韩国教员大学的金正律教授等专家学者应邀前来。为了近距离接触足迹，刘建和当地文管所在足迹点搭建了一个大型钢结构脚手架。我们手脚并用爬上去后就立刻意识到，这批足迹的出现可能会帮助我们解开小龙足迹的谜团。

这里的三趾型足迹约有65个，构成20道行迹，分属于不同体型的造迹者。其中3道行迹由10个足迹（长2.5~2.6厘米）组成，被归入小龙足迹。其余的17道行迹代表中型兽脚类（长9.9~19.6厘米），其中一道暂时被归入嘉陵足迹（*Jialingpus*）。这是我们第一次在小龙足迹附近发现这么多的大型足迹。

小龙足迹这么小，它们究竟是成年恐龙的足迹，还是幼年恐龙的足迹？或者说，它们会不会是我们同时发现的那些大型足迹的幼年个体呢？此前的观点倾向于认为小龙足迹的造迹者是小型成年兽脚类，因为亚洲多处下白垩统足迹点都存在小龙足迹，而且其保存层面上都缺乏形态相似的大型足迹。我们仔细观察了此地的嘉陵足迹等较大的兽脚类足迹，发现它们的形态与小龙足迹存在明显差异。

不过，小龙足迹的造迹者为幼年个体的假设还不能完全排除。但我们认为该观点显然不太合理，因为这还需要证明幼年龙和成年龙是分开生活的，而且幼年个体在生态上的偏好使它们选择了另一个恰好更容易留存下足迹的环境。当然，保存的偏倚可能会使小型足迹比大型足迹更难保存或观察。但和小龙足迹同样大小的鸟类足迹，在中国乃至东亚地区的下白垩统都十分常见，这表明这些地区并没有明显的不利于小型足迹保存的偏倚。

在后续的研究中，我将小龙足迹与中国早白垩世几种肉食性恐龙的脚部做了比对，其中最契合的恰好是被认为善于奔跑的美颌龙类恐龙

（*compsognathids*），但这只是一个暂时性解释。将足迹和非常具体的分类（属种一级）中的造迹者对应起来非常困难，因为很多潜在造迹者的足部骨骼都未能保存下来。

这就是古生物学的迷人之处，在一个谜团被揭开之后，你又会遇到更大的困扰。但生命的意义就在于无尽的探索，不是吗？

3.3.3 恐龙会“狗刨”

在位于大凉山腹地的昭觉县，科研人员不仅发现了中国最小的恐龙足迹，还发现了中国首例确凿的肉食性恐龙的游泳足迹。这类足迹目前在全球仅发现数例，亚洲尚无其他记录。这个发现是我十余年恐龙足迹研究中最得意的一个片段，只因为标本弥足珍贵，发掘背后的故事也足够曲折。

2003年7月的一天，一位不速之客的到来打破了昭觉县文物管理所的宁静。这个人名叫杨昌华，是昭觉县三比洛呷铜矿管理办公室主任，他为文物管理所所长俄比解放带来了一个意想不到的消息。在采矿过程中，矿工在一个新暴露出来的约1 500平方米的泥质粉砂岩层面上，发现了1 000余个奇特的凹坑，这些凹坑大小不等，组成了至少12条行迹。这些凹坑究竟是什么呢？俄比解放对此产生了浓厚的兴趣，并下定决心弄清楚它们的来历。于是，他开始走访三比洛呷铜矿的矿工和附近的村民，希望了解相关信息。

当地人告诉俄比解放，这些凹坑并不罕见，此前在周边也发现过。有人认为它们可能是吃人的大脚怪兽的脚印，更多人则认为它们是支格阿鲁的黑色坐骑留下的蹄印。支格阿鲁是彝族神话中的英雄人物，被视

考察队员在昭觉化石点（邢立达/摄影）

为无所不能的彝族先祖，关于他的神话故事在彝族民间可谓家喻户晓、妇孺皆知。因此，许多地方出现的不明印痕都被人们归结为支格阿鲁的黑马留下的脚印。

这个谜底直到2006年2月才被揭开，已故古生物学家、成都理工大学的李奎教授应俄比解放所长之邀，来到昭觉县对这些远古脚印化石进行实地考察，并初步断定它们侏罗纪的蜥脚类等恐龙的足迹化石。

然而，就在李奎教授等学者准备做进一步研究时，这批中国西南最壮丽的恐龙足迹群竟在一夜之间因开矿而被炸毁，令人痛心不已。等俄比解放等人赶到现场，整个化石点几乎被破坏殆尽，不论矿厂是有意还是无意，这批远古生灵留给人类的精美化石都不可再生。

2012年，应俄比解放所长之邀，我带着一支精干的团队来到化石点。在断壁碎石中，我和俄比解放艰难地寻找着残存的恐龙足迹。岩面的坡度接近60度，对学者来说，这是一道无法逾越的障碍。更令人担心的是，矿山此时仍在爆破，危险随时有可能发生。

我找足迹找得入神，不知不觉进入了新的爆炸区。轰隆！瞬间地动山摇，无数碎石和泥土从空中砸下来，埋头寻找恐龙足迹的我连安全帽都没戴，就遭遇了这惊心动魄的一幕。“快，到这里来！”陪同的工作人员急中生智，把我拉进了几块巨石间的空隙，那是一个偶然形成的地堡，刚好可以躲避一下。碎石像雨点一样砸向我们刚才站立的地方，就连我们的藏身处也被击打得尘土四溅。而且，据说随后还有更大规模的爆破。所以趁着这次爆破刚停，距离下次爆破还有一个小时的时间，我赶紧冲了出去，希望在两次爆破的间隙为残存的恐龙足迹多留点儿档案。

突然，我眼前一亮，看到了一组十分奇怪的足迹。其中每个足迹都

作者在岩壁上考察恐龙足迹（王申娜/摄影）

由3道长长的、平行的爪痕组成，沿着陡峭的岩壁一路向上延伸。它们是典型的肉食性恐龙游泳迹，也是我最渴望找到的足迹之一。恐龙在游泳，多么棒的足迹！

长期以来，恐龙究竟会不会游泳是古生物学界的一个充满争议性的话题。肉食性恐龙长期以来都被视为有“恐水性”，所以有很多科普资料都会这样写：正在被肉食性恐龙追杀的草食性龙急中生智跳到河水中，前者追到岸边，就只能干瞪眼了。但直到2007年，古生物学家才真正找到肉食性恐龙会游泳的证据。这类标本非常稀少，中国还没有发现过。虽然我曾在河北赤城发现过类似的足迹，但标本很少且不清晰。不过，这次的发现不同以往，它是非常确切的肉食性恐龙游泳遗迹，也是中国首次发现这种足迹，对当地的古生态和恐龙的古行为学研究都有重要的意义。

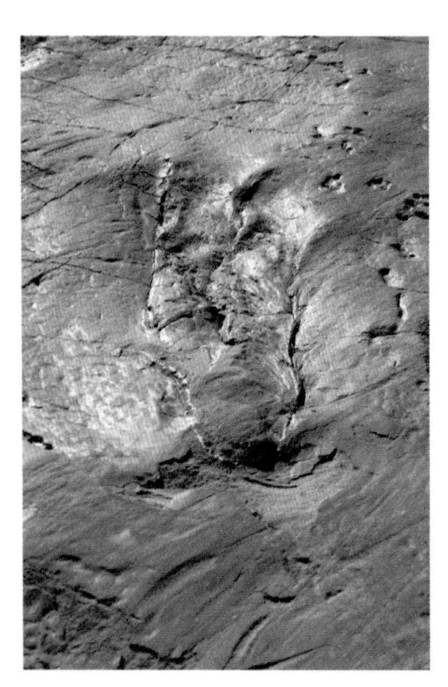

兽脚类恐龙的游泳迹（邢立达/摄影）

那么，这些肉食性恐龙是如何游泳的呢？从足迹判断，它们应该是通过后肢的交替运动，双腿像桨一样提供推力来游泳的，这类似于现生的靠双足行走的动物，比如水鸟。就像狗会游泳一样，这很可能也是肉食性恐龙与生俱来的本领。从足迹的长度推断，造迹者的臀部高度大约是0.9米，基于肉食性恐龙的游泳方式，这也是水的大致深度。更有趣的是，在该足迹的不远处还发

游泳的兽脚类恐龙复原图（张宗达/绘图）

现了“正常行走”的肉食性恐龙足迹。所以，这里很可能是古岸边和水体的分界处。这个发现由我与同行一起撰文，发表在国内权威学术期刊《科学通报》2013年4月刊上。

虽然此行收获很大，但昭觉足迹化石的保护问题却成为当务之急。为此，我写信给昭觉县领导，俄比解放所长也向县委、县政府反映，呼吁将这批遗迹纳入当地的自然遗产范畴，尽快对化石点加以保护，为下一步的研究与开发工作做好准备。但遗憾的是，许多年过去了，当地的矿山仍然没有停工，每次想起来，我都沮丧不已。

3.4 魔鬼城的龙鸟风云

3.4.1 风城捡石人

“为什么你总要在七八月份来新疆戈壁滩呢？”站在我身旁的贾程凯师兄有点儿郁闷，他被烈日晒得发晕。我当时没顾得上回答他，注意力全都放在眼前有趣的尸体上。

在这干枯的湖畔，热浪逼人，一只巴掌大的河蚌遭曝晒后壳体裂开，不到一尺远的地方则躺着一条鲤鱼，戈壁滩的高温已经将其烤成干尸，脑袋上露出森森白骨。而这两具尸体周围除了沙石便是泥裂，没有一丝生机。这让我想起“鹬蚌相争”的成语故事，那么，那位得利的渔夫又身在何处呢？

坚持是一种美德，在古生物研究领域尤其如此。研究者与岁月赛跑时，石头最能给人慰藉，毕竟每一块石头都已度过数千万年的沧桑。提到石头，就不得不提到一个人。

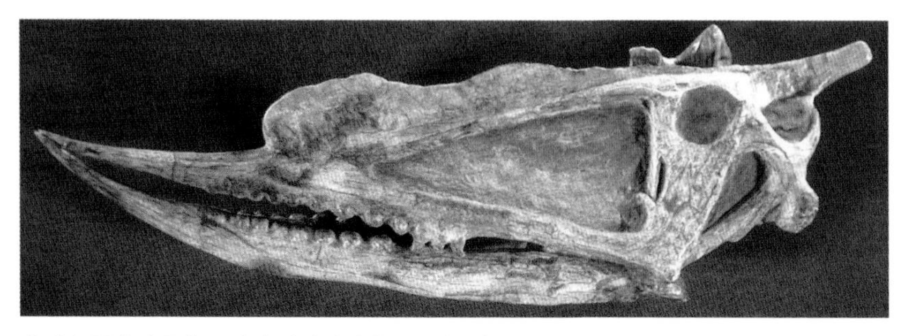

准噶尔翼龙头骨化石（中科院古脊椎所/供图）

他叫安建福，是“老三届”的学生，喜欢美术，毕业后来到农七师一三七团当上了美术教师。一三七团地处准噶尔盆地西部的乌尔禾，始建于1958年，是农七师唯一的边境贫困团场。安建福这一来，便再也没有离开过，用团干部的话说，他是一名老军垦人，见证了该团在这座边陲小城50余年的发展史。

恶劣的自然环境与艰苦的生活条件并没有让安建福叫苦不迭，他对生活的热情反而在寂寞中绽放，并最终寄情于石头。安建福与石头的缘分可以追溯到20世纪60年代，我国古脊椎动物之父杨钟健命名了来自乌尔禾的一具完整的翼龙化石——魏氏准噶尔翼龙。该化石在北京自然博物馆展出后引起轰动，乌尔禾也随之蜚声中外。准噶尔翼龙是一种生活在湖泊上空的凶猛的肉食性翼龙，其尖喙钝齿是湖区鱼儿与甲壳类的梦魇。那件精美又不失霸气的头骨化石给安建福留下了深刻的印象，一

作者和安建福（左一）一起搜寻化石（王申娜/摄影）

想到这种远古的空中霸王曾经生活在自己日夜劳作的大地上空，他便心驰神往、跃跃欲试。

20世纪80年代初，安建福常带学生进入魔鬼城写生。魔鬼城又称乌尔禾风城，位于准噶尔盆地西北边缘的佳木河下游，西南距克拉玛依市100千米。这里有着独特的风蚀地貌，当地的蒙古人将这座城称为“苏鲁木哈克”，维吾尔人则称它为“沙依坦克尔西”，意为“魔鬼城”。其实，这里是典型的雅丹地貌区域，雅丹在维吾尔语中有“陡壁的小丘”之意。雅丹地貌以新疆塔里木盆地罗布泊附近的雅丹地区最为典型，并因此得名，它是一种在干旱、大风环境下形成的风蚀地貌类型。只见一座座山丘似金色古堡耸立，一条条谷峪如街道巷陌纵横。风起穿城，其声如鬼哭狼嚎，正是这里被称为魔鬼城的原因。

魔鬼城中有不少安建福喜爱的石头，或晶莹剔透，或五彩缤纷，或

魔鬼城化石点（邢立达/摄影）

造型奇特，似人似物。安建福自从来到这里便开始了他的捡石生涯，每次外出归来，他的衣袋、挎包里都鼓鼓胀胀地装满了石头。

1979年的一天，安建福像往常一样下班骑着摩托车回家。无意间，远处土坡上的一个石球引起了他的注意。在这里生活了十几年的安建福从来没有见过模样如此奇怪的石球，他给这个石球起名为“外星人”。然而，让安建福没有料到的是，这个偶遇的“外星人”自此让他与奇石收藏结下了不解之缘。

在此后的20多年里，安建福历任教师、宣传干事、团工会副主席，但他一直为石头着迷，硬是用双脚丈量了整个魔鬼城地区。不管是酷暑还是严冬，每逢节假日他就骑上那辆破旧的摩托车，带上水和干粮，翻山攀岩。也许是精诚所至，又或者是石头有灵，克拉玛依玉（旧称戈壁玉、石英质彩石）、砂岩结核石、硅化木、烧饼石、图纹石、化石、玛瑙……安建福收集了满满一屋子石头，说起来更是如数家珍。

随着时光的流逝，在克拉玛依市乌尔禾地区，捡石、藏石、赏石蔚然成风。2003年11月，新疆生产建设兵团农七师一三七团魔鬼城恐龙奇石馆开馆，馆内收藏各种古生物化石、奇石达上千块，成为魔鬼城地质和历史变迁的宝贵实物资料，具有重要的考古价值和观赏价值。这个奇石馆的馆长，正是安建福。

安建福发现的有恐龙足迹的石球（邢立达/摄影）

2008年2月，安建福偶然发现在一个沙砾岩结核而成的石球上有一个清晰的恐龙足迹，足迹长13厘米、宽8厘米。这种在沙砾岩结核上发现的恐龙足迹化石非常少见，很快就引起了媒体的关注。随后，新疆油田公司勘探开发研究院地层古生物研究室的贾程凯与安建福取得联系，多次前往当地考察恐龙足迹。贾程凯曾师从著名恐龙专家徐星教授，是徐老师的第一个学生，有着丰富的古脊椎动物知识。

2009年夏，贾程凯和我开始对此地的足迹资源展开细致的考察，没想到却因此揭开了一个古世界的奥秘。当安建福将采自魔鬼城的数十块“恐龙”足迹铺在我面前的地上时，那种远古的气息一下子压得我透不过气来。这些足迹并不只是恐龙的，还有古鸟足迹、虫迹等，林林总总，一派生机勃勃的史前湖畔景象展现在我眼前。

3.4.2 空山不见鸟，但见鸟足印

从2009年夏开始，几乎每年或每两年，我都会去拜访这个足迹化石的圣地。十几年的时间里，我们收获满满，测绘与统计的足迹超过1 500个，包括兽脚类、鸟类、剑龙类、翼龙类、龟类和大量的无脊椎动物遗迹。

这里的鸟类足迹尤其棒。因为此地以前没有发现过一根鸟骨化石，足迹便成为我们了解此地白垩纪时期鸟类的唯一途径。在这些鸟足迹中，数量最多的是韩国鸟足迹（*Koreanaornis*），韩国鸟足迹最初发现于韩国咸安郡，是一类非常典型的中生代鸟类足迹。此次魔鬼城发现的足迹与其类似，但具体形态上又有所区别，所以我们将其归为新种——道氏韩国鸟足迹（*Koreanaornis dodsoni*），种名赠予世界著名恐龙学家彼

得·道森，以感谢他在恐龙学尤其是角龙类研究方面的贡献。固城鸟足迹（*Goseongornipes*）是此地罕见的记录，它与韩国鸟足迹十分相似，只不过多了一根长长的第一趾。

这些足迹都属于鸻鹬类足迹，鸻鹬类在英文中被称为“Shorebirds”，直译为“滨鸟类”。鸻鹬类中最大的体长不过70厘米，体重400余克，因此也被称为小型涉禽。它们大部分时间栖息于各种滩涂、盐场、淡水湖、咸水湖、湿润的田地和草地的浅滩部分，主要以软体动物和节肢动物为食，跗跖部和喙一般较为细长，便于在湿地活动和觅食；绝大多数种类有迁徙习性，华东地区的朋友可以在上海崇明东滩轻易地看到这些羽衣天使。

有意思的是，在世界范围内发现的韩国鸟足迹几乎都非常散乱，这意味着这类鸟足迹的造迹者有着独特的生活方式，我们也对此做了古行为学分析。现代鸻鹬类的觅食方式主要分为视觉性觅食和触觉性觅食两类。典型的视觉性觅食方式为“啄—奔—啄”，通过先快速奔跑再一个急停去取食滩涂表面来不及躲入泥沙深处或浅水的小动物。这种觅食方

韩国鸟足迹（邢立达/摄影）

固城鸟足迹（邢立达/摄影）

式受制于个体之间的觅食干扰，因此它们在觅食时会尽可能地减少互相干扰，进行单独或低密度的分散觅食，这种行为以鸻类为主。触觉性取食则是将长喙插入泥中，靠喙对食物的感觉来探搜觅食。觅食时，它们的运动距离较短，长喙深入泥中探搜较长时间才会换地方。因此，这类水鸟觅食时个体间的相互干扰少，可成群觅食，这种行为以鹬类为主。所以，散乱的韩国鸟足迹很有可能是鹬类留下的。

除了韩国鸟足迹和固城鸟足迹，此地还记录了一种古鸟足迹的新属种——强壮魔鬼鸟足迹（*Moguiornipes robusta*）。它们的样子很怪，一般来说，鸟类足迹都具有纤细的趾痕，也就是说脚趾细长，像常见的家鸡一般。而我们的发现却与此相反，魔鬼鸟足迹的脚趾又短又粗，就像一根根火腿肠。直到参照了大量现生鸟类的脚部，我们才理出了头绪，这类足迹很可能是由那些长有瓣蹼足的水鸟留下的。所谓瓣蹼足，指脚趾两侧具有叶状瓣膜，是水鸟脚部适应游泳的特化（生物形成的局部器官过于发达的一种特异适应）。现代拥有这种构造的鸟类，比如䴙䴘或瓣足鹬，都有良好的游泳能力。

魔鬼城地区是目前中国古鸟类足迹保存最多、最完整也是品种最丰富的化石点，更是魔鬼城地区乃至准噶尔盆地西北缘存在过古鸟类的首个确凿证据，这在古生物地理分布、古环境复原等方面都有着重要意义。

强壮魔鬼鸟足迹（邢立达/摄影）

3.4.3　中国首例剑龙足迹

在魔鬼城，除了鸟类足迹，令人兴奋不已的还有剑龙足迹，这可是中国发现的首例剑龙足迹。剑龙类是一类著名的植食性恐龙，在侏罗纪达到全盛。它们体型庞大，头部却非常小，两排高高耸立的大型骨板沿着脊柱分布，就像屋顶的瓦片一样，尾部的末端长着4根用于防御的钉状刺。这类动物的化石大多出现在北半球，尤其是美国与中国。剑龙类在中晚侏罗世演化出许多物种，包括中国的沱江龙、东非的钉状龙、欧洲的勒苏维斯龙和美国的剑龙等，但只有少数存活到早白垩世。

相较骨骼化石，确凿的剑龙类足迹化石鲜有发现，20世纪90年代中期，美国犹他州发现了一批剑龙类足迹，但保存状况不太理想。全球侏罗纪地层并不罕见的一种足迹——三角足迹（*Deltapodus curriei*），长期以来被视为覆盾甲龙类所留，包括剑龙类和甲龙类，但究竟是哪一类，则很难分辨。

剑龙类足迹柯氏三角足迹的前足迹（左）与后足迹（邢立达/摄影）

乌尔禾三角足迹的发现，伴随着一件令我尴尬的往事。2009年考察结束后，我在实验室里一张接一张地处理照片，在调节其中一张的对比度时，我突然发现它的背景里有4个非常有规律的凹坑。这个细节强烈地勾起了我的好奇心，我想知道它们到底是什么：是蜥脚类足迹吗？还是其他动物留下的？带着这个疑问，第二年夏季，我再次奔赴魔鬼城化石点。

抵达的时候已是黄昏，我来到拍摄鸟类足迹的地方，见到了一派令我永生难忘的景象：在通向水库的岸边，我看到了一列非常整齐的大脚印，在落日余晖的映照下，这些脚印左一个、右一个，一步步通向水库，并消失在岸边。你应该可以想象，当时的我就像舔到人生的第一颗糖果的孩子一样兴奋。

后来，我又发现了一批保存完好的凸型足迹，它们与三角足迹十分相似，但有一定的差异。经过详细的对比，我们将这批标本定为一个新的遗迹种，种名赠予著名古生物学家菲利普·柯里院士。更重要的是，因为魔鬼城地区的同时代地层只有剑龙类，而缺乏甲龙类，因此这批足迹极有可能是剑龙留下的。这也是第一次我们可以将三角足迹与剑龙类关联在一起。

作为新的遗迹种，柯氏三角足迹非常独特。该足迹由前后足迹组成，后足迹有三个功能趾，又短又钝，但非常粗壮，能很好地支撑剑龙类庞大的躯体。我们还对比了美国发现的剑龙前足化石，其骨骼构造与这批足迹化石非常吻合。而且，因为乌尔禾已经是早白垩世沉积，所以这些三角足迹成为该属最晚期的记录之一，对研究当地及亚洲地区的古生物地理分布、古环境复原等都有重要意义。

从此地目前发现的足迹化石与骨骼化石看，在早白垩世，这里至少生活着兽脚类的克拉玛依龙、敏捷龙、吐谷鲁龙和新疆猎龙，剑龙类的乌尔禾剑龙，以及蜥脚类的亚洲龙。天空中飞翔着各种鸟儿，地上还有准噶尔翼龙、湖翼龙，等等。湖岸的植物高大茂密，成群的水鸟在此嬉戏，偶尔有一只恐龙或成群的恐龙来到水源边饮水、觅食。当时的景象与如今的戈壁滩反差极大，谁能想到，在这黄沙遍地的地方，古时曾是一片水草丰美的“江南之地”呢?

相关论文发表后，安建福备受鼓舞，对着接踵而至的媒体滔滔不绝地讲起了乌尔禾魔鬼城地区的一石一丘。最令他得意的并不是他频频出镜，而是有一种古生物遗迹以魔鬼城命名。“我太高兴了，这下魔鬼城可以被载入史册了。”这是安建福不经意说出来的话，他言语间流露出来的情感令我深深感动，他对这片土地的爱如此深沉。

在安建福等戈壁玩石家的带领下，如今乌尔禾已然是户户捡石藏石，奇石商店相继开张，石头行业成为这个边陲小城的一大特色，更是这里的一个新的经济增长点，而这一切都是源于那位痴迷石头的人。

对了，他们都管安建福叫“安石头”。

3.5 张三丰的练功场

3.5.1 白岳的传世掌印

在我踏遍祖国大地的古生物考察中，齐云山绝对算得上可以承载很多回忆的地方。有时候，在梦中我还会回到那个非常有意思的石窟。那里很潮湿，甚至有水渗下，自然就成了各种昆虫和蜥蜴的乐园，而且那里充满了香火气，还有触手可及的恐龙足迹。曾在此修炼的道士在足迹旁边的岩壁上凿了孔，用于悬挂物品。石窟最深处供奉着道士像，神像头顶已被香火熏黑，可见该洞年代之久。这样的环境，很容易让人分不清现实与幻境。但问题是，这个幻境是亿年前的恐龙时代，还是道教众仙的道场？一切随缘。

齐云山古称白岳，位于安徽省黄山市休宁县城西15千米处，其海拔不过500米，方圆却有110千米，山峦重叠，云雾笼罩，颇具仙境韵味，在张三丰到来之前它就已经是道教名山了。张三丰是元、明两代的著名道士，也是公认的一代宗师。

“那时，张三丰云游四海，行踪不定。一日他登上齐云山望仙台，发觉山下河流无声，村舍静谧，竟然是一幅道气纵横的太极图，张道长遍体流汗，呆立数日不动不言……”虽然传说有些夸张，但据记载，明永乐十年至十五年（1412—1417），齐云山道教香火兴旺。这6年间，张三丰频繁往来于武当山和齐云山，成为两大名山之间的传道者。

据记载，张三丰羽化在洞天福地祠，葬在祠后的三元岩洞穴，因为张三丰被皇家称为“真人”“真仙”“真君”，故立碑曰“真身内藏”。据传在羽化之前，张三丰在岩壁上用力拍下了传世掌印。

3.5.2 小壶天的恐龙世界

这组“掌印”在齐云山小壶天景点内。小壶天是明代修建的一个石坊，它的石门呈葫芦形，里面是一个长20米、宽3.3米、高2.5米的石窟。石窟的另一侧是悬崖，相传那里便是张三丰“飞天成仙”的地方。石窟内还供奉着道教神仙雕塑，多年来的香火供奉已经将石窟的一部分顶面熏黑了，“掌印”就在这顶面之上。

细细看来，这些“掌印”确实很像人的手掌，不仅与之大小相仿，

小壶天（邢立达/摄影）

小壶天石窟内的掌印（邢立达/摄影）

而且不止一个。更让人赞叹的是，有些还能清晰地看到“五指”，其张开的角度并不像自然风化形成的。最让人不可思议的是，有的甚至能够清晰地看到指甲的痕迹。如果这些不是自然侵蚀形成的图形，难道道士真能在石头上留下掌印吗？而且，如果用巨力拍击岩石，结果应该是将岩石击碎，而不是留下掌印。最大的问题是，这些“掌印”并不是凹进去的，而是凸出的浮雕状。这些神奇的掌印到底是如何形成的呢？

张三丰的“掌印”（邢立达/摄影）

想要揭开这个谜团，得从20世纪90年代说起。1993年秋，偶然到达此地进行地质考察的中科院古脊椎动物与古人类研究所研究生尤海鲁、吕君昌等，对小壶天的“掌印”深感好奇，并提出了一个大胆的想法：这些可能是某种古生物留下的脚印化石，甚至有可能是恐龙足迹化石。1995年，余心起高级工程师等人来到小壶天，也做出了“掌印”是恐龙足迹化石的推断，还在这里找到了一条恐龙拖曳尾巴的尾迹。不过，小壶天恐龙遗迹的相关研究并不全面，余心起等学者的论文也只是做了简单的描述。

2011年7月，我应齐云山管委会之邀，重新调查了此处的恐龙足迹，并进行了详细测量。随后我带领团队数次来到此地补充数据，终于在2014年形成最终的研究成果并发表。

我们最新的研究表明，这些足迹形成于晚白垩世，包括三种不同形态的兽脚类足迹，共约60个。兽脚类是恐龙家族中的掠食者，它们繁荣了大约1.6亿年，演化出的种类极多，从体长如麻雀的物种到地球上最大的陆生食肉动物——暴龙。通常一个足迹点的肉食性恐龙足迹一般只有一两种，而像这种丰富的足迹组合较为少见。我们推算，这三种恐龙的体长分别约为1.4~3.2米、1.9~2.2米和1.0~2.1米。其中一类足迹非常特殊，有着壮硕的脚趾和较短的单步，依据足迹形态判断，这种足迹的造迹者是一种足部强壮的小型肉食性恐龙。它属于新的足迹形态，我们将其命名为张三丰副强壮足迹（*Paracorpulentapus zhangsanfengi*），既指出了足迹的形态特征，也有纪念张三丰之意。

当然，我们还“顺道”破解了张三丰手印之谜。在重新记录的足迹中，我们找到了一个“五指”样足迹，从足迹学上看，兽脚类足迹一般为三趾，但有的是两个脚印重叠在一起，从而让人产生了五指掌印的错觉，也就有了掌印传说。

从中国的脊椎动物群组合看，晚白垩世的恐龙动物群以植食性的鸭嘴龙类—巨龙类组合为代表，其中兽脚类化石较为稀少，中国东部的相关发现几乎为空白。齐云山地区多样化的兽脚类足迹组合的发现表明，该地区有丰富的中小型兽脚类恐龙动物群，在数百万年甚至上千万年的时间里，中小型兽脚类恐龙持续繁荣。这些中小型兽脚类与植食性的肿头龙类、蜥脚类恐龙一道，形成了一个新的组合，丰富了晚白垩世中国东部的古脊椎动物群。一座华东的白垩纪恐龙乐园呼之欲出。

3.6 中国足迹史上的最强音

3.6.1 恐龙好莱坞影棚

“平地上踏一串脚印来！黄表上拓者个印来！……”

这是老段自己编排的一段“北乡花儿”（“花儿”是北乡人最喜爱的民歌），韵脚听起来高昂而辽阔。2009年盛夏，李大庆老师和我小心翼翼地穿行于硕大无比的恐龙足迹之间，反复考察这批惊人的化石。身后，老段帮我们背着沉重的工具，触景生情之下吟唱了一段花儿。此刻，在我们脚下的，是中国白垩纪恐龙的又一个惊人“墓葬”，保存着迄今为止中国最完美的、数以千计的恐龙足迹。

“是什么动物留下了这些足迹？”这个问题至此有了答案。这着实令学术界惊讶不已，因为将足迹与化石对应起来在以往是难以想象的。于是，甘肃成为中国乃至全球范围内的又一个恐龙化石圣地，将受到当代和后世的古生物学者、爱好者的膜拜。

这是我第三次探访甘肃省刘家峡恐龙国家地质公园。这座地质公园距离兰州市54千米，在盐锅峡镇的一个偏僻的山沟里，被当地人称为老虎口，后来因发现恐龙足迹化石而被称为“恐龙湾”。今天，游客可以从恐龙湾乘坐快艇直达地质公园，沿途观赏库区的大片湿地与鸟岛。有趣的是，途经村庄的名字——太极镇、下古村、上古村——充满了玄机，它们是否暗示着这里曾经是恐龙聚居地？

李大庆是甘肃农业大学古脊椎动物研究所的领军人物，曾负责领导

刘家峡恐龙国家地质公园化石点（邢立达/摄影）

甘肃省地矿局第三地质矿产勘查院古生物研究开发中心的工作。在灼目的阳光下，他古铜色的脸颊神采飞扬，深邃的眼神格外清明。多年来，他领导着一群精兵悍将逐龙大西北，旌旗猎猎之处，战绩非凡。此次，为了方便考察地层，我们没有乘坐快艇，而是选择了陆路。翻过几座大山，一个斜“钉”在远处山体上的天蓝色圆棚显得格外醒目。当地一个有名的段子说，这个恐龙足迹一号点保护棚曾被误认作弹道导弹发射井，所以间谍卫星频频光顾，拍摄了不少高清卫星地图。

与脚下的令人视觉疲劳的土黄岩石不同，化石点周遭的山体有着鲜艳的色彩，先是褐红色泥砂岩打底，中间夹层是青灰色、黄色的沉积物，上方则是一片土黄，那是早期黄河的河漫滩。这套岩层脉络清晰，界线分明，在夏日的阳光下显得十分壮丽。从地质学角度看，这些斑斓的岩层更是别有价值。李大庆团队的研究成果显示，这套地层形成于距

界线分明的岩层（1.褐红色，代表干燥炎热的氧化条件下的沉积物；2.黄色，代表湖盆面积相对较小，湖水较浅的环境下的沉积物；3.青灰色，代表湖水较深，湖盆面积最大时的还原条件下的沉积物；4.黄河阶地，代表最早期黄河河漫滩。）黄河阶地与下方的早白垩世地层之间的界线，代表长期的风化剥蚀面（邢立达/摄影）

今1亿多年的早白垩世，沉积环境为滨湖至浅湖。褐红色表明当时的环境干燥炎热，黄色表明古湖盆面积较小，湖水较浅；与其相反，青灰色则表明湖盆面积较大，湖水较深。其中的滨湖砂岩和泥砂岩，就是恐龙、翼龙和古鸟类足迹所在的岩层。

越野车沿着蜿蜒的山路缓慢行进，我们进入了一号保护棚。尽管来过不止一次，但眼前壮观的足迹群依旧如初见般让我惊叹。站在恐龙足迹旁，我的足迹很快在北风中消逝，而1亿年前恐龙群留下的足迹却深入岩层，铭刻在这片大地上。眼前，23道大小不一的276个足迹一路蜿蜒向前，引领我们穿越时空，回到恐龙生活的时代……

当晨光洒向兰州盆地，风带着雾气穿越山涧在古湖畔停留下来时，

作者在一号化石点测量足迹（王申娜/摄影）

静静的湖水泛起了涟漪，惊扰了此处觅食的一群水鸟。骤然间，大地开始震动，水鸟警觉地停下觅食抬头四顾，紧张地戒备着，随时准备飞走。震动越来越强，远处的林地渐渐浮起一层烟尘，一座座“小山”慢慢地向湖边走来，“轰”的一声，拦路的灌木被撞倒，枝叶飘落。受惊的水鸟四散飞去。

伴随着烟尘和落叶，巨龙群来到湖畔，在湖边松软的沙土上留下一个个深深的脚印。随行的调皮小巨龙一个踉跄，前肢陷入泥坑，整个跖部都被埋进去了，幸好它够机敏，及时抽出了脚。在巨龙群之后到来的是大群禽龙，有巨龙群做开路前锋，禽龙群毫不费力。它们在巨龙群留下的小水坑状足迹旁边，留下了行行“山”字形印记。尾随禽龙而至的是几只饥肠辘辘的驰龙，偷袭未成的它们很快就离开了喧闹的湖畔，奔走时还惊起了一只刚刚落地的翼龙……

3.6.2 地学人的意外发现

是谁发现了这片足迹？这里面有机缘巧合，更有艰辛的汗水。

1962年，兰州大学的谷祖纲教授带领学生在海石湾地区实习，并采集到4块恐龙足迹化石，这批标本虽然后来不知去向，却是在兰州—青海民和盆地发现的首批恐龙足迹化石。30多年过去了，1998年，从武汉远道而来的中国地质大学副教授李长安等人，在对该地区进行1∶50 000红古城幅和新寺乡幅区域地质调查时，在兰州市红古区的白垩纪地层中发现了8个排成一排的三趾型恐龙足迹。虽然成果寥寥，但它们却为李大庆日后在该地区进行的古生物地层调查工作提供了背景资料。

这是因为在中生代，红古区和盐锅峡其实共处一个盆地之内。甘肃省地矿局第三地质矿产勘查院（原兰州地质矿产勘查院）负责盐锅峡地区的填图工作，对地质作业来说，最重要的问题就是弄清楚该地区的地层年代归属。而关于这个地区，有学者认为它属于白垩纪，也有学者认为它属于侏罗纪。于是，三勘院决定让李大庆牵头完成这个课题，解决盐锅峡地区的地层归属问题。1999年，李大庆率队开始了古生物地质调查。然而，他们在陇东地区并无斩获。在这种情况下，李大庆凭借他的地质学知识，并根据前人的资料，决定将调查方向转到公认为恐龙生活过的兰州—民和地区，在永靖县境内的盐锅峡一带进行古生物调查，这时是1999年7月。

盛夏，李大庆带领着几位技师从盐锅峡大坝沿着黄河北岸进行古生物地质调查。在近两个月的时间里，他们发现了多处植物化石、虫洞化石，但这些化石点都不太让人满意。在临近收队的时候，也就是8月26

日的中午时分，艳阳高照，其他队员从山上转了一圈就下来了。李大庆看到大家两手空空，心里着急得很，便领着一位技师——张工爬上了山梁。就在山沟的拐角处，眼尖的李大庆在青灰色含泥质砂岩上发现了一个大概有两个巴掌大的坑，前面还有3个尖突，张工走过去拨开浮土，断定它们是恐龙足迹。两人卷袖挥锹一通猛挖，前面不到1米处又出现了一个三趾型恐龙足迹。之后，他们在两三百米开外的山弯处又发现了一个三趾型恐龙足迹。功夫不负有心人，盐锅峡的恐龙足迹终于在这群寻宝人面前掀开了面纱的一角。

次年的野外季又开始了，2000年4月，李大庆带队径直来到盐锅峡化石点，希望有更大的发现。没想到，这个化石点的覆土层非常厚，岩石层则是厚且柔，难以崩裂，挖掘起来难度很大。试想，方圆几十米的岩石上还有3~4米厚的黄土，那是多大的土方量？这种情况让李大庆的团队措手不及，但大家依旧没日没夜地坚持干下去。

转眼到了6月中旬，山弯处的化石点在挖掘时遇到了一个陡坎，挖掘速度因此慢了下来。而就在此时，前方的队员挖出来一个半圆形大坑。李大庆当时并没有意识到它是蜥脚类足迹，但深厚的学术积淀告诉他，这里面大有玄机。因为从沉积的角度分析，这个大坑是由外力作用形成的，与形成岩石层面的能量环境并不匹配。于是，他让人继续往里挖，就这样挖出了一个巨大的蜥脚类前后足迹，其中后足迹长1.18米、宽0.9米。看着足以坐下一个成年人的大足迹，队员们都震撼不已。

高涨的士气使接下来挖掘工作像淘宝一样向前延伸。6月底，足迹如同预期的那样呈“左—右—左”状出现，李大庆确定，这就是蜥脚类

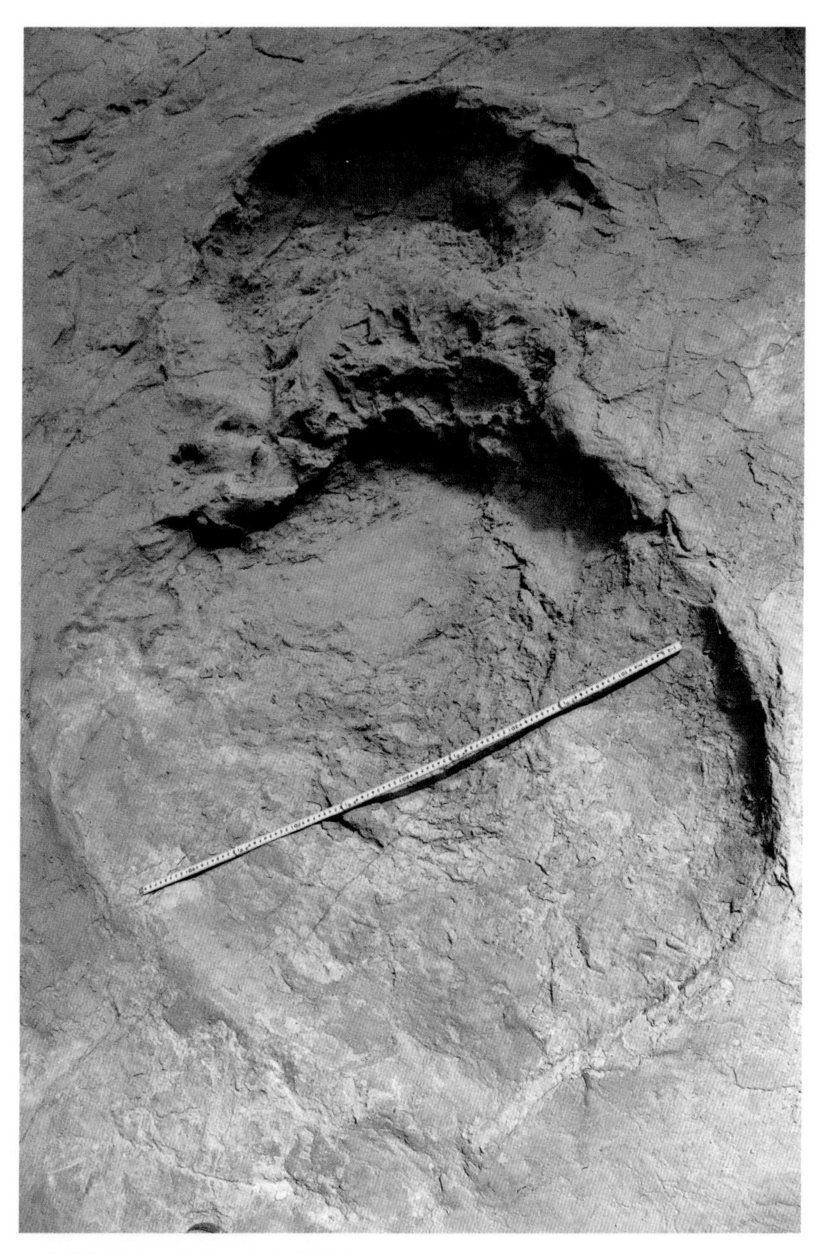

巨大的蜥脚类足迹（邢立达/摄影）

足迹。有趣的是，前方还出现了两组足迹的“十字路口”，蜥脚类足迹不断成行出现，让队员们终生难忘。9月底，最大的一组蜥脚类足迹终于出现了，它们长1.5米、宽1.2米、步幅3.75米。比当时世界上最大的恐龙足迹——韩国庆尚南道海边长1.2米、宽0.64米的蜥脚类足迹还要大！从此，刘家峡恐龙足迹群大发现的序幕被拉开了。

至此，李大庆意识到这里可能是一处重要的古生物地质遗迹，便向甘肃省地勘局和永靖县人民政府做了汇报。甘肃省政府有关机构对此非常重视，在资金、政策等方面都给予了很大支持，刘家峡恐龙国家地质公园的建设把提上了议事日程。

这片包括最大型足迹在内的化石点日后成了国家地质公园的核心部分，并在原地建造展示馆，馆内保护着23组共276个恐龙足迹，占地600平方米，编号为一号化石点。旁边山弯处为二号化石点，占地2 000平方米，有101组共1 383个足迹。在前文提及的李大庆最早发现恐龙足迹的化石点，后来又发现了大量的鸟脚类足迹，还有一组小型蜥脚类足迹，占地100平方米，有8组共47个足迹，编号为六号化石点。此外，四号化石点占地100平方米，有18组共125个足迹。也就是说，在迄今已暴露的近2 000平方米的地面上，我们至少发现了150组共1 831个足迹，其规模前所未有！

在这个庞大的足迹群里，我们至少辨识出两种蜥脚类、三种三趾型兽脚类，以及恐爪龙类、禽龙类、翼龙类、古鸟类的足迹。此外，还有半游泳痕、尾迹，等等。其中，翼龙类足迹是中国首次记录，2004年中国科学院广州地球化学研究所的彭冰霞等学者将其命名为盐锅峡翼龙足迹（*Iguandontipus Yanguoxiaensis*）。

一号化石点（李大庆/摄影）

二号化石点（邢立达/摄影）

中国首次发现的翼龙类足迹——盐锅峡翼龙足迹（李大庆/摄影）

3.6.3　足迹学界的圣杯

同一地点出现多样性如此高的足迹，这在中国尚属首次，在世界上也极为少见，无疑是科学界的一大宝藏。初步研究显示，盐锅峡的多个化石点都以兽脚类和蜥脚类共同出现为主要特征，其中仅一号点的足迹就包括蜥脚类、兽脚类（含恐爪龙类）、大型鸟脚类和翼龙足迹，甚至还有古鸟足迹。你不要以为这就是一群来来往往的恐龙，里面可是大有文章。

对世界各地足迹化石点的组合特征进行分析，经常可以发现蜥脚类和兽脚类足迹会同时出现，但蜥脚类和大型鸟脚类足迹却很少共存。这是为什么呢？因为蜥脚类足迹主要发育在以碳酸盐沉积为主的低纬度滨岸沉积区，或者发育在内陆半干旱河流湖泊沉积区。所谓的碳酸盐沉积，是由形成于海洋或湖泊底部的粒状泥状碳酸盐矿物及其集合体组成的。它可以通过生物作用形成，也可以来自过饱和碳酸盐的水体的直接沉淀。这些地区的气候相对潮湿，而大型鸟脚类足迹则主要分布在高纬度地区。

从我们此前介绍过的两个发现大型蜥脚类足迹的化石点来看，云南楚雄化石点由蜥脚类和兽脚类足迹组成，内蒙古鄂托克化石点则由蜥脚类、兽脚类和古鸟类足迹组成。由此可见，它们都缺少大型鸟脚类足迹。因此，盐锅峡地区出现的大型鸟脚类足迹就显得“不正常”了，这对研究早白垩世的恐龙动物群组合具有积极的意义。

2005年，中国地质大学的雒晓刚等人还探讨了盐锅峡地区的古环境。研究指出，在早白垩世，兰州—民和一带是一个大型的内陆淡水湖盆。永靖盐锅峡就位于湖盆的东南岸，这里分布着一系列古岛屿，每当湖面下降，这些古岛便相互连接着露出湖面；而每当湖面上升，这些古岛则被淹没形成孤岛。

盐锅峡一带的恐龙足迹化石就发现于最接近湖中心的雾宿山古岛（如今的雾宿山位于甘肃省永靖县境内，因山上长年云雾缭绕而得名）西侧的湖岸上。当气候炎热干燥时，湖面趋于下降，水域退缩，水体相对平稳，成为适宜动物生存的较为安全的地带。于是，各种各样的恐龙与古鸟在此行走，或觅食或饮水，在滨岸砂岩中留下丰富的足迹。之后，突如其来的洪水泛滥使湖水迅速上涨，在短时间内变成较深的水域，砂岩中的足迹被后来沉积的泥岩覆盖，较为完整的恐龙足迹化石得以留存下来。

那么，到底是哪些恐龙留下了这些足迹呢？在古生物学的传统观念里，由于足迹与骨骼化石的保存条件存在差异，所以这两种化石很难在同一区域内被发现。但李大庆对脚下这处化石点充满了信心，因为早在20世纪40年代，“中国石油之父”、著名地质学家孙健初就在附近的海石湾地区发现了侏罗纪的马门溪龙化石。

于是，借着发现足迹群的东风，李大庆带领科研人员开始了在兰州盆地搜寻脚印主人的工作。这个过程确实十分辛苦，由于经费有限，考察队员几乎是用双脚踏遍了兰州周边可能有化石露头的岩层，后来那些惊人的发现都是建立在多次无功而返的基础之上。

2007年我第一次拜访李大庆时，他便神秘兮兮地对我说：“之前发现的黄河巨龙不算什么，我已经找到了更大的家伙，而且它与足迹对得上号！”醉心于恐龙足迹研究的我一直对这句话耿耿于怀，要知道，这可是一个了不起的发现。果不其然，2009年夏，尤海鲁与李大庆等人命名了兰州盆地的新的大型巨龙类——大夏巨龙（*Daxiatitan*），属名赠予化石所在的大夏河流域。

大夏巨龙化石非常惊人，极大的颈椎有些类似马门溪龙。马门溪龙是世界上颈部最长的恐龙之一，体长13米（建设马门溪龙）至26米（中加马门溪龙），由19节颈椎构成的颈部可以占到身长的1/2。大夏巨龙也有一条长脖子，颈椎很可能也为19节，但它的体长接近30米，这让它取代马门溪龙成为我国最长的恐龙。不过，大夏巨龙最吸引人之处并不在于它的长度，而在于它的股骨（大腿骨）。大夏巨龙的股骨髁呈10度对称斜面，下中—上侧部进入股骨骨干，表现为强烈的外走式，也就是俗称的“外八字”脚。这就意味着大夏巨龙留下的足迹可以与刘家峡恐龙足迹群中的蜥脚类足迹对应起来，从而解决了那些大幅度外偏足迹的主人是谁的问题，这在足迹学中极为难得。

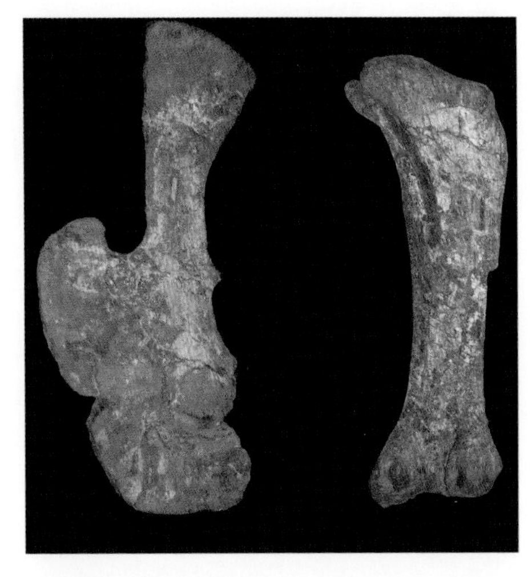

大夏巨龙的肩胛骨（左）和股骨（右）（李大庆/摄影）

“以足迹群为线索，我们在其周遭发现了一个前所未知的恐龙动物群。”李大庆信心满满地说，“这为我们进一步研究恐龙的类别以及足迹与造迹者之间的关系提供了重要线索。”看来，这幕恐龙—足迹对对碰的大戏远未落幕。

3.6.4 这个杀手有点儿冷

在李大庆老师的指导下，我对刘家峡恐龙国家地质公园的恐龙足迹展开了系统性研究，其中最令我激动的是一批亚洲最多且最完整的恐爪龙类足迹，它们于2012年被我命名为驰龙足迹的一个新种——永靖驰龙足迹（*Dromaeosauripus yongjingensis*）。

20世纪90年代初，恐爪龙类足迹首次发现于中国四川，但数量非常少。此后，中国山东、韩国南部等地都陆续发现了这类足迹，不过，无论从数量还是质量方面看，都远比不上刘家峡恐龙国家地质公园的发现。仅是保守统计，刘家峡的恐爪龙类足迹就有71个，几乎比当时全亚洲其他化石点的同类足迹加起来还要多！

永靖驰龙足迹（李大庆/摄影）

恐爪龙类是一类著名的恐龙，其中名气最大的要数“出演”电影《侏罗纪公园》的伶盗龙（又名迅猛龙），它们的足迹是典型的二趾型，很容易辨认。受《侏罗纪公园》的影响，人们自然地就会认为恐爪龙类是集群捕猎者，就像现生的狼群一样。但是，化石证据并不支持这一观点。

我在二号化石点现场发现了6道行迹，它们可能是3只不同的恐爪龙类恐龙留下的，夹杂在大型的蜥脚类行迹中。但是，这3只恐龙的行迹并不平行或彼此靠近，这表明它们没有成群，而是独行的猎手。有趣的是，其中一道行迹表明造迹者在转弯，这在世界上属于首次发现。研究表明，该造迹者在转弯时的行进速度并没有减缓，由此可推断，它具有良好的平衡能力，就像现生的鸵鸟一样。

永靖驰龙足迹复原图（埃米莉·威洛比/绘图）

3.6.5 蜥脚类的游泳谜团

恐龙会不会游泳？理论上，恐龙和大多数现代大型动物一样拥有游泳的能力。但有关恐龙游泳的证据却一直存在争议，恐龙学、遗迹学的学者也为此大开脑洞。

最初，学者们认为，蜥脚类恐龙——长着长脖子、长尾巴，动辄体长十几米的大家伙——需要靠水的浮力来生活，就像河马一样天天泡在水中。它们仿佛活在时间放慢的世界中，泡在水里，悠闲地吃着水草，远观不敢靠近的掠食者，近赏鱼儿游泳，好不惬意。

1944年，古生物学家伯德如愿发现了蜥脚类恐龙的游泳足迹化石，这是一串蜥脚类恐龙行迹，除了一个左后脚足迹之外，其余的都是前脚足迹。伯德展开了合理的想象：这些足迹的造迹恐龙泡在水中，它的后脚和尾巴悬浮着，为了在浅水里前进，它不得不用前肢行走，就像现生的河马那样。在随后的数十年间，伯德的恐龙游泳理论看上去十分合理，人们对此深信不疑。但在1993年，足迹学界的传奇人物马丁·洛克利重新研究了这些化石，并认为这些所谓的浅足迹都是"幻迹"。

何谓幻迹？就是这只体重惊人的恐龙向下踩一次大地，其力道透过了几层沉积物，致使地层自上而下地保存了从清晰到模糊的足迹，而下面那些模模糊糊的足迹就是幻迹。伯德发现的正是蜥脚类恐龙在地面行进时，留在最下层沉积物上的幻迹。此外，马丁还找到了伯德没有观察到的后脚足迹。就这样，蜥脚类恐龙游泳的证据消失了……

盐锅峡化石点发现了大量的蜥脚类恐龙足迹，而且保存得非常好，后足迹大致为圆形，前部均有4或5个清晰的爪痕。然而，在这批足迹之中，有一些"不正常"的足迹引起了我的注意。同一层面上的多道蜥脚类足迹看上去就像一把把巨大的镰刀，只保存了后足的趾痕，却没有脚跟，也没有前足足迹。这些镰刀状足迹与普通的蜥脚类后足迹的前部几乎一模一样，更令人诧异的是，在这些痕迹后面还有显著高出地面的小沙丘，这明显是恐龙脚部扒拉出来的泥沙。

此前，日本的古生物学家对这些足迹进行了初步研究，他们认为这是蜥脚类恐龙游泳的证据。造迹恐龙在水中游泳，水体托起了它们沉重的身体，它们的前足悬浮在水中，后足则在划水的时候爪部接触水底，从而在沉积物上留下了足迹和小沙丘。

但是，事实果真如此吗？

最初，我对日本学者的理论持基本认同的态度。但在之后的研究

技师在清理镰刀状足迹（邢立达/摄影）

镰刀状足迹（邢立达/摄影）

中，尤其是在国内和世界各地的软硬、粗细不同的沙滩上各种蹦跳后，我们意识到沉积物就是一个“大骗子”，它们可能一直在愚弄我们。

地面的软硬程度、含水量高低、泥沙的多寡和后来的沉积物，都会对足迹的形态产生巨大的影响，有一些足迹之所以不同，其实只是因为同样的形态在沉积物的作用下发生了形变。我的同行、英国皇家兽医学院的彼得·弗金汉博士是这方面的行家里手，他最先提出了这种可能性，并找到了一个相似的实验品——他的好友在沙滩上留下的奇怪足迹，看上去与镰刀状足迹十分相似。

这个奇怪的巧合无疑给所谓的游泳足迹蒙上了一层阴影。为了更好地对比，我们分别为人足迹和镰刀状足迹制作了三维图像，以便于我们了解足迹的深浅。同时，通过地质学研究，我们知道了当时恐龙行走的环境——砂质沉积物上还有一层泥浆。那么，在这种湿滑的路面上行走，恐龙会怎么办？

镰刀状足迹化石的三维图像显示，当恐龙进入这片柔软的湖畔沙地时，沉重的身躯让它们与软塌塌的泥泞沉积物较上了劲。它后肢的大爪子为增大抓地力而不得不深深地插入地面，穿透泥层，进入砂层，被挤出的大量沉积物向上、向后堆积，并盖住了后足迹的后半部分，造成了镰刀状的形态。此外，由于巨龙类恐龙的重心位于后半身，所以它们的后足在泥地里陷得更深，而前足的压力相对小，不足以造出可以长期留存的足迹。

至此，真相大白，这些所谓的“游泳足迹”并不是蜥脚类恐龙游泳的证据。当然，这并不意味着蜥脚类恐龙不会游泳，我们只是在深入研究足迹化石和沉积物的细节之后得出了不太浪漫的结果。

不过，这才是科学，不管浪漫与否，只用真相俘获人心。

蜥脚类恐龙留下镰刀状足迹（张宗达/绘图）

3.7 马陵山白垩纪片场

3.7.1 化石猎人大发现

如果能从天上俯视，当坐标来到北纬34°32′34.85″、东经118°25′25.76″时，我会发现有一条紫红相对的断裂线极其显眼。这就是著名的麦坡断裂，凡是从事地震研究和预测的学者都知道它。据史料记载，清朝康熙七年六月十七（1668年7月25日），郯城一带发生了8.5级大地震，这是迄今为止我国大陆东部发生的最强烈的地震，破坏程度十分严重，震迹至今清晰可见。

麦坡地震活断层是包括那次大地震在内的我国多次地震活动的“记录仪”。断层西盘是浅红色的第三系粉砂岩，东盘是紫红色的白垩系砂岩，一线之隔，红与紫“泾渭分明”，宛若两块不同颜色的切糕并置在一起，透出诡异的美感。

这条巨大的地壳伤口记录了此地多次地震的撕裂和漫长的愈合过程：受伤了，慢慢愈合；再次受伤，再次愈合。正是这片伤痕累累的土地，数百年来养育了难以计数的生灵。

麦坡断裂是沂沭断裂的一部分，后者又是著名的郯庐断裂的一部分。郯庐断裂是中国东部一条巨大的岩石圈断裂，朝西南方向至少延伸到湖北境内的长江沿岸，朝东北方向经安徽省的潜山、巢湖、庐江，江苏省的泗洪、宿迁，山东省郯城、沂水、潍坊，穿过渤海和东北三省进入俄罗斯远东地区。郯庐断裂整体呈缓S形，长度超过3 500千米，在中国境内逾2 400千米，深度超过100千米。郯庐断裂的宽度从十几千米至上百千米不等，大断裂本身又由一系列近乎平行的断裂组成，在地形上构成明显的地堑或不同岩性对接的地貌景观。

如今，观察沂沭断裂的最佳地点就在山东省郯城东部的马陵山省级地质公园。该地质公园以马陵山为主体，总面积达到196平方千米，主要地质遗迹分布区的面积为80平方千米，是一处以构造形迹、地质剖面、地质地貌、金刚石产地和地质灾害遗迹为特点的地质公园。走进地质公园，无论是专业地质工作者还是地学爱好者，都能在这里感受到自然地质科学的魅力。对恐龙足迹研究者而言，这里也是福地。横亘临沭、郯城、东海、新沂4个县的马陵山海拔并不高，在没有山头的低矮丘陵里，第四纪耕土层之下几十厘米处就可见到白垩系岩层，时不时地还能在上面找到恐龙足迹。

2006年，一位有心人又为这个地质公园锦上添花，他就是来自山东临沂的化石爱好者唐永刚。

那年春日，唐永刚在一条小溪边弯腰对着岸边一块大砂岩上的两个直径20厘米的石头坑，又是拍照又是测量。到小溪边汲水浇地的两个当地姑娘瞪大眼睛，疑惑地看着他。她们成天见到这两个石头洼洼，不知道它们有什么值得左看右看、量来量去的。

唐永刚是山东临沂人，生在郯城，与孔子的老师郯子是同乡。临沂自古就是一个文化传统浓厚的地方，出过很多名人，其中名气最大的当数诸葛亮、王羲之和颜真卿。现在临沂古风犹存，人们仍然喜好舞文弄墨，把玩奇石。唐永刚也不例外，一有空闲就会拿块石头仔细琢磨。

2000年夏，一天傍晚唐永刚到沂河边散步，目光不自觉地在地上搜寻漂亮的卵石，却无意间发现了一块手掌大小的、具有木头样肌理

和年轮的石头。他觉得这块石头有点儿意思，就带回家了。出于对这种纹理的喜爱，唐永刚后来又去仔细寻找此类石头，前后共找到几十枚。为了搞明白这是哪类石头，他查阅了许多资料，才知道它们是硅化木化石。他和化石也因此结下了不解之缘。

不过，唐永刚真正走上化石猎人这条路是在5年后。

机缘巧合，从一本20世纪80年代出版的科普书《神秘地球》中，唐永刚读到了一篇名为《神秘大脚印》的文章，文中提到1982年在郯城马陵山上发现了一些奇怪的大脚印。根据他已经积累的化石知识，唐永刚觉得那可能是恐龙足迹化石，便去马陵山寻找神秘的大脚印。根据村里老人的提示，唐永刚找到了发现脚印的那段小路。经过仔细观察，书中记载的蜥脚类恐龙足迹竟然被他找到了，但因为风化比较严重，只能隐约辨认出轮廓。

奇怪的大脚印（邢立达/摄影）

唐永刚擅长思考和联想，既然这里有，那么附近的相同地层中也许能找到其他足迹，于是他就在附近寻找起相似的地层。在这个足迹的西面不远处有一条冲沟，在其岩壁上唐永刚果然发现了两个相邻的足迹，大的长和宽均为80多厘米，仔细观察后他断定是蜥脚类恐龙足迹。兴奋之余，他又顺着冲沟继续寻找，在往南100多米处，冲沟左上方的一块很大的紫色砂岩上竟然有5串恐龙足迹，而且既有蜥脚类足迹也有兽脚类足迹。唐永刚顿时兴奋得像中了大奖一样。

兽脚类足迹在岩层上有3个连续分布，每个间隔60厘米，明显可见脚趾前端的利爪印迹。5串足迹呈西南—东北走向，共有几十个。他拍了照，回去后就把脚印图片贴在化石网上。从此，唐永刚追寻着侏罗纪的恐龙足迹，踏上了他的化石猎人之路。

2008年12月，我闻讯赶来，和唐永刚一道对此处的恐龙足迹化石

郯城紫色砂岩上的恐龙足迹（邢立达/摄影）

做了专业的考察、测量和记录。据我观察，唐永刚发现的最大一片足迹化石点保存了至少6道恐龙足迹，其中有5道属于植食性蜥脚类恐龙，可归入副雷龙足迹，它们又可以分为2道成年行迹和3道未成年行迹。剩下的一道则是可怕的肉食性兽脚类恐龙足迹，只见它紧追在未成年小恐龙附近，准备伺机而动，而大恐龙则返身保护幼崽，场面非常惊险！

从地质年代看，这批足迹应该出现于早白垩世晚期，距今大约1亿年。足迹化石证明，白垩纪时的马陵山气候湿润，植被发育，恐龙繁盛。大批恐龙在河边湿软的泥地上留下了深深的足迹，足迹逐渐干燥，被沙土掩埋，经过数千万年的地质作用，变成了遗迹化石。

唐永刚在郯城的发现揭开了沂沭断裂恐龙足迹群发现的序幕。

3.7.2 足迹梦之队

2012年11月23日，在山东临沂市临沭县，天空中薄雾弥漫，太阳偶尔露出头来，将金色的光洒在树木、大楼和一排排停放整齐的汽车上。一个后来被称为“足迹梦之队”的国际考察队正在集结，队员包括马丁·洛克利等来自中、英、德、法、瑞士和加拿大的7位古生物专家，都是领域内的行家里手，他们重点考察了临沭岌山恐龙足迹化石点。

岌山位于山东临沭境内，主峰海拔为124.9米，是马陵山山脉的最北端。它的大地构造位置属于沂沭断裂之内，介于安丘莒县断裂与昌邑大店断裂之间。这个化石点发现于2010年修路时，次年年初，在当地已经小有名气的唐永刚受邀前去考察，并向相关学者通报了这个发现。

初冬的山坡上寒气袭人，遍地都是灌木的落叶和枯黄的野草，一丛

2012年在临沭岌山恐龙足迹化石点的考察人员合影。左起依次为：朱利安·迪韦（法国）、理查德·麦克雷（加拿大）、莉萨·巴克利（加拿大）、邢立达、马丁·洛克利、吴清资、亨德里克·克莱因（德）、马蒂·丹尼尔（瑞士）、唐永刚（王申娜/摄影）

从荭草就像一簇簇火苗，昭示着此地春日的盎然生机、夏天的青葱繁茂和秋季的丰满壮硕。学者们到达岌山化石点后立刻向岩壁奔去，加拿大的一对专家夫妇负责测量剖面，我和马丁则负责观察恐龙足迹，并用白色粉笔描绘出轮廓。之后，大家聚在一起讨论、拍照和测量。那些1亿年前地球主宰者的生命遗迹，经学者们妙手圈点，就连足趾都清晰可辨。最后，我们将塑料薄膜覆盖于岩壁之上，用记号笔将马丁留下的粉笔痕迹描摹下来，完成了对足迹的最基本记录。

完成工作后，我开始四处溜达。只见马丁一会儿攀上悬崖，一会儿走下平地，脚下活动的石块令人提心吊胆。作为一位60多岁的老人，他的步履却稳健从容，就像一只西伯利亚老虎行走在山林中，意气风发。在一面峭壁前，马丁停下脚步，两眼直盯着离地6米多高的岩壁。

2012年，理查德·麦克雷在临沭岌山恐龙足迹化石点工作照（邢立达/摄影）

他要来一架梯子，搭靠在离地约2米高的一堆风化页岩上，爬上去之后他掏出一根细钢钎，在风化破碎的页岩层面上小心翼翼地清理起来。马丁忽然激动起来，抡锤向上方不远处敲去。他先揭开薄薄的一层页岩，然后是一阵小心谨慎的挖凿。兴奋不已的马丁爬下梯子，大声宣布："我敢百分之百地肯定，这是驰龙足迹！"现场沸腾了，中外科学家群情振奋，欢呼雀跃。我也高兴地喊着："马丁，我们爱你！"

要知道，驰龙类足迹十分珍贵。驰龙类有着独特的两趾型足迹，而那个可怕的杀手爪（第二趾爪）则高高抬起。

这类足迹十分少见，此前全世界只发现了8处，其中美国1处，韩国2处，中国5处（峨眉、永靖、赤城各1处，莒南2处），而我们在山东临沭岌山发现的这一处是第9处。有趣的是，由于沉积物较为湿软，岌山的驰龙足迹保存得非常深，可能是世界上最深的。

现场发现的驰龙类足迹（邢立达/摄影）

我顿时沉不住气了，噌噌噌爬上梯子。按照足迹的分布规律，我用地质锤清理起周围的围岩来，距今1亿年的生命证据即将以崭新的面目出现在世人面前，而我是第一个见到它的人，这或许就是发现的喜悦吧！

不出所料，在第一个和第二个驰龙足迹上方，第三个、第四个足迹。马丁无比兴奋，

科研人员利用工程车考察恐龙足迹（王申娜/摄影）

角龙类足迹（邢立达/摄影）

转身攀上不远处的一块孤立的巨石，表演起“金鸡独立”，他是不是想以此向驰龙的后裔——禽类致敬呢？

数日的考察结束后，学者们开始进入繁忙的研究工作阶段。经过初步研究，考察队在岌山化石点发现的恐龙足迹包括大型蜥脚类、中型蜥脚类、兽脚类、驰龙类和角龙类足迹，其中角龙类足迹的造迹者很可能是鹦鹉嘴龙，这是世界上首次发现这类恐龙的足迹，具有十分重要的意义。

引人深思的是，从这几年的发现来看，沂沭断裂隐藏着大量的恐龙足迹，它北起莒县，经莒南、临沭、郯城、新沂、宿迁至泗洪。这个山系由一系列长轴呈北—东北向的低山包构成，其主体岩层属于早白垩世晚期大盛群最大湖泛期沉积物，在地层学上被称为田家楼组/孟疃组，距今大约1.1亿—1亿年。在地图上的这条细细的线上，我们已经发现了莒南、临沭、郯城等多个恐龙化石点，这些恐龙足迹大大弥补了对应地层缺乏恐龙化石的遗憾，为我们绘制出一幅庞大的山东白垩纪恐龙世界图景。

鹦鹉嘴龙复原图（韩志信/绘图）

岌山化石点全景（邢立达/摄影）

岌山化石点全景复原图（张宗达/绘图）

3.7.3 钻石堆的恐龙

讲到这里，唐永刚的恐龙足迹狩猎之旅其实才刚刚开始。几乎每一年，他都会跟我说说又有了什么新发现，最近一次大惊喜是他在2015

年大年初六带给我的。

那天一早，唐永刚和化石爱好者柳洋驱车前往金鸡岭。金鸡岭是一处低矮的丘陵，很多人可能都没有听说过这个地名，但它却与钻石有着密切的联系。中国并不是出产钻石的大国，但中国最大的一颗天然钻石就来自金鸡岭。那颗钻石发现于1937年秋，村民罗佃邦在锄菜园时意外捡到了这颗钻石，它大如核桃，通体黄色且透明，耀眼夺目，形状恰似出壳的小鸡，重281.25克拉，被命名为“金鸡钻石”，后被侵华日军掠去，至今下落不明。

现在金鸡岭依然是出产钻石的地方，附近村落的老一辈人几乎都捡到过钻石。唐永刚驾车沿着乡间小路缓慢行驶，发现路的南边有一处水塘和裸露的岩层，这是一个人工开采出来的大坑，有着马陵山岩体特有的紫红色。“会不会有恐龙足迹？这个念头立刻闪现在我的脑海中。”唐永刚回忆道。于是，他们俩下了车就跳进坑中，走了十几步，一个直径70~80厘米的近圆形浅坑跃入眼帘，这对唐永刚而言十分熟悉，因为他之前在马陵山发现过这么大的蜥脚类恐龙足迹。他仔细观察，看到了更多的足迹，1个、2个、3个、4个……有规律地左右排列，一直延伸到远处。唐永刚断定它们就是恐龙足迹。

而且，足迹不止这一列，还有几列更清晰的甚至可以看到脚趾的爪痕。在众多蜥脚类足迹里，他们还发现了三趾型兽脚类足迹和精致的波痕。唐永刚和柳洋继续向前走，在高出地面的2平方米左右的砂岩上又发现了一处鸟类足迹化石，上面还有蜥脚类足迹的幻迹。在水塘边一块较大的空地上，也有很多足迹！将空地上的杂物简单清理后，唐永刚粗略地数了数，有一两百个足迹，而且足迹组成的行迹呈现出不同方向，看上去生动极了。即便是见过“大场面”、发现过好几次恐龙足迹的唐永刚，此时也不禁激动起来。这就是后来在媒体上频繁曝光的李庄恐龙足迹化石群。

经过长时间的筹备，2017年4月，我与临沂大学古生物所王孝理教授、张军强博士、郭颖博士等学者奔赴李庄考察这批足迹。在仔细清理了恐龙足迹层面的杂物之后，这里呈现出的足迹多样性令我印象深刻。

一般来说，一个恐龙足迹点的恐龙足迹种类只有一两种，而李庄足迹点的恐龙足迹则包括肉食性恐龙留下的三趾型中型兽脚类足迹、小型兽脚类足迹、微小型兽脚类足迹、两趾型小型恐爪龙类足迹，植食性恐龙留下的窄间距蜥脚类足迹、宽间距蜥脚类足迹，以及鸟类足迹共7种类型，整体数量超过300个。这表明，该区域在白垩纪时期的自然环境非常优越，吸引了多个种类的恐龙在此繁衍生息。

这些足迹中尤为特别的是70多个小型两趾型足迹，每个只有7~8厘米长，它们组成了4道行迹，始终保持平行状态。每一道都是由不同的

李庄恐龙足迹化石群（陆勇/摄影）

恐龙个体留下的足迹，而且道与道的间距几乎一致，这是典型的群居性表现。我们在前文中说过，两趾型足迹大多数为恐爪龙类所留。这就有趣了，因为在电影《侏罗纪公园》和《侏罗纪世界》中，伶盗龙群会以集群的形式捕猎，就像现在的狼群一样。

然而，现实恰恰相反，目前世界上发现的恐爪龙类足迹，包括岌山、永靖等地的足迹，都表明其造迹者是“孤独的杀手”。唯一的例外是，李日辉研究员于2002年在山东莒南发现了6道大型恐爪龙类平行行迹，它们成为研究恐爪龙类生活习性的重要证据。小型恐爪龙类群居与否，这个问题在很长时间内一直困扰着足迹学学者。

李庄发现的4道平行的小型恐爪龙类足迹是世界上首例群体性小型恐爪龙类足迹，让我们对这类恐龙的生活习性有了更多的了解。经过

4道平行的恐爪龙类足迹（邢立达/摄影）

李庄足迹点的恐爪龙类足迹特写（邢立达/摄影）

作者和唐永刚在考察点（王申娜/摄影）

作者在李庄化石点考察恐龙足迹（王申娜/摄影）

详细的对比，这70多个足迹与我在河北寺梁发现的猛龙足迹非常相似，可以归在一起。据测算，这些恐龙体长约1米，奔跑速度非常快，可以达到每秒2.4米。这些足迹令人联想到，小型恐爪龙类恐龙像狼群一样群聚、沟通、狩猎，猎物一旦被它们盯上，就很难逃脱，连更大型的肉食龙都对它们忌惮三分。这群白垩纪“狼群”可以说是当地食物链顶端的存在。

不过，小型恐爪龙类并不是这个化石点的最小恐龙，从足迹来估计，这里最小的肉食性恐龙体长只有50厘米，而最大的体长能达到4米。可以想象，这些小恐龙穿梭在体长10米左右的大型植食性恐龙身旁，一群古鸟在水畔觅食，一群小型恐爪龙类突袭而至，对一个观察已久的目标发起围攻，真是一部足够精彩的恐龙世界大片！这些大大小小的足迹就这样留在湿软的泥地上，并在亿万年间被埋入更深的地层，演变成岩，后又被抬升到地表附近，其中一部分有幸得以露头，被当地的有心人发现，最终来到公众面前。通过研究将这些足迹所蕴含的种种细节再现出来，就是令足迹学学者感到最快乐的事情了。

3.8 霸王足迹

3.8.1 恐龙足迹中的王者

“霸王有一种雄伟之美，你看他的脸谱犹如一幅水墨画，他脸上有细微的工笔画和泼墨的大写意画……相得益彰，得到了美的极致。”

这是吴昌硕看梅兰芳表演《霸王别姬》时的一席评语，他对京剧“不求甚解，但赏其美”，却道出了一番经典。楚汉相争时有楚霸王，恐龙时代亦有龙霸王，那自然是著名的暴龙。

暴龙又名霸王龙，是一种超大型肉食性恐龙，属于兽脚类。它们平均体长12.8米，高5.5米，重约6.8吨。它们生活在晚白垩世的最后300万年，距今约6 850万—6 550万年，在白垩纪—古近纪大灭绝事件中销声匿迹。暴龙化石发现于北美洲各地，亚洲则有暴龙的亲戚特暴龙。简单来说，一张长满数十厘米长的香蕉形大牙的嘴巴，大大的脑袋，粗壮的颈椎，前肢弱小，后肢和尾巴则非常发达，这就是暴龙的写真。

如果说暴龙是恐龙世界的最强音，那么恐龙足迹学的最强音又是什么?

答案是世界上仅有的两处暴龙足迹（*Tyrannosauripus*）。它们举世瞩目，令人大呼过瘾。在开始讲故事之前，先要说明的是，暴龙足迹不等于暴龙的足迹，因为恐龙足迹学和恐龙骨骼学并不是完全对应的。暴龙足迹（又称为霸王龙足迹）是遗迹学的一个学名，它们的主人极有可能是暴龙类，暴龙类包括暴龙、分支龙、虔州龙、诸城暴龙、阿尔伯塔龙等。除了已经命名的暴龙足迹之外，暴龙类足迹还包括一些来自美国、加拿大、蒙古等地的未命名的大型三趾型足迹。

第一处暴龙足迹位于美国新墨西哥州费蒙童军牧场。这座牧场是美国的童子军训练基地，常年有童子军在此活动。它位于著名的拉顿盆地，而拉顿盆地则位于科罗拉多州南部与新墨西哥州北部交界处，保存有白垩—古近纪界线的黏土层。1989年，学者在此地的界线黏土层中发现了斯石英（二氧化硅的一种高压变体），这被广泛视为地球遭受撞击的标志矿物。而在撞击地层学中，此盆地属于距离撞击点2 200~4 000千米的“过渡区”，这一区域的溅射层是煤炭沼泽沉积，可能是白垩纪世界大火遗留的灰烬，如今早已转化成煤层和褐煤层，厚度可达2厘米。今天，拉顿盆地早已成为学者们目光聚集之地，前来考察的人不在少数。

美国科罗拉多州地质调查局的皮尔默就是一位研究白垩—古近纪界线的专家，1983年他前往新墨西哥州东北部进行地质测绘。一天，他来到费蒙童军牧场的北珀丽峡谷。“我注意到在离河面不远的层位上，一块重达数吨的砂岩上有一个奇形怪状的构造，它看起来就像一只恐龙或是什么三趾型大型动物留下的足迹铸模。这块岩石似乎是从更高处的岩壁上掉下来的，经过翻滚才来到目前的位置，而且是底朝上的。我在野外笔记中记录了这个发现，并从这块砂岩上取下几块样品。不过，我当时并不觉得它有多么不同寻常。”皮尔默后来回忆道。不过，这确实是一个非常棒的足迹化石，因为足迹是凸型的，而且是踩在泥泞的湿地上形成的，所以很深也很清晰。据测量，这个足迹长83.8厘米，宽71.1厘米，高22.9厘米。

皮尔默发现暴龙足迹（马丁·洛克利/供图）

1989年，皮尔默把他的这个发现告诉了马丁·洛克利，并向后者展示了手头的几张照片。马丁确定它就是恐龙足迹，并且造迹者可能是某种大型鸭嘴龙类。1993年夏末，马丁和皮尔默一道前往费蒙童军牧场化石点进行实地勘察，为足迹翻制模具。在他们清除了足迹上的覆土与枯叶后，马丁发现它的跖趾垫大得有些离谱，这不同于以往发现的任何鸭嘴龙足迹的跖趾垫。然后，他又注意到在足迹的一侧，保存有一个小小的外翻的“大拇指”，也就是第一趾。这应该属于兽脚类足迹，而且很有可能为暴龙所留，马丁的脑子里蹦出了这个想法。

随后，皮尔默与马丁请美国地质调查局的菲林明帮助鉴定该足迹化石的年龄。菲林明的专长是研究孢粉，用于确定岩石的年代。分析结果显示，该足迹所在的砂岩距今7 000万—6 550万年，那恰好是暴龙出没

世界上最大的肉食性恐龙足迹——皮氏暴龙足迹（马丁·洛克利/供图）

的年代，当时环境湿润，湿地或滩涂上生长着大量棕榈和蕨类植物。

1994年，马丁及其同事发表了关于这个足迹的研究报告，由于它很可能为暴龙所留，于是将其命名为皮氏暴龙足迹，种名赠予发现者。这是世界上发现的第一块暴龙足迹化石，他们推测，造迹者的步幅可达2.7米，行走速度至少为每秒2.7~3.1米，体长约18.3米，重达3.6~5.4吨。

皮氏暴龙足迹的发现至少可以提供以下信息：第一，足迹的形状有助于我们复原暴龙脚部的肌肉和软组织，了解它们是如何支撑恐龙的体重的。第二，足迹表明第一趾的位置非常高，并位于跖趾垫的中后部。第三，足迹上的大爪印痕暗示着暴龙有主动出击捕猎的习性。第四，足迹将暴龙的活动范围往南延伸了近400千米，6 550年前，暴龙在宽阔的河流冲积平原出没，身处亚热带湿地环境，这是它足下岩石中的孢粉告诉我们的。

那么，是什么让暴龙足迹保存得如此完美呢？这与造迹者足下特殊的泥质基底分不开。这种基底位于河畔，干湿程度与软硬度必须刚刚好——既能让足迹成形，又不会让泥浆回流到足迹里。足迹一直保存到河水泛滥之时，携带着泥沙的河水从上游倾泻而下，泥沙充填和覆盖了足迹，并在足迹上沉积了1~1.5米厚。之后，河水的流速放缓，难以带走泥沙与足迹层，但仍然会刮掉足迹上方的一些沉积物与填充物。年复一年，此地的沉积物累积到数百米乃至近千米高。沧海桑田，沉积物凝结成岩石，并受到大自然的各种侵蚀，形成山谷和山脊，直到承载着足迹的砂岩露出地面，邂逅了皮尔默……

为了让这个有趣的足迹得到更多的关注，皮尔默将它翻制成多个模型，并陈列在美国地质学会总部大楼、丹佛联邦中心的美国地质调查局图书馆和多座博物馆内，让世人都有机会摸一摸霸王龙的大脚。

遗憾的是，皮尔默于2003年逝世，享年73岁。他一生挚爱着地质学，退休后仍乐此不疲。他曾说，“科罗拉多州最令人心醉的美景，无非是从拉顿山口往南望”，那里正是拉顿盆地。他共发表了近百篇论文，其中不少都刊载在像《科学》与《自然》这样的权威期刊上。天空中还有一颗以他的名字命名的小行星——皮尔默4368，这是对其卓越贡献的最好肯定。

2009年，一个消息令足迹学研究者和爱好者振奋不已，皮氏暴龙足迹不再寂寞了，因为学者在费蒙童军牧场化石点又发现了第二、第三个暴龙足迹。美国新墨西哥州自然史与科学博物馆的古生物学家卢卡斯与从美国国家森林服务局退休的学者杨在州内各处考察。6月下旬，他们

马丁·洛克利与皮氏暴龙足迹模型（马丁·洛克利/供图）

来到费蒙童军牧场，意外地在距离原足迹3.7米处发现了一个新的暴龙足迹，不远处还有一个疑似第三个足迹的岩块，但保存得不太好。从这些足迹推测，造迹者的步幅至少可达1.8米。不过，由于保存足迹的围岩重达数吨，加上路况很差，重型器械难以接近，所以暂时无法挖掘。

新墨西哥州自然史与科学博物馆有一件“圣物”，那就是暴龙斯坦，是与暴龙苏（Sue，现陈列在芝加哥菲尔德自然史博物馆）并列的当今世界保存最完整的暴龙化石之一。斯坦的完整度达70%，体长12.8米，臀高3.7米，重约6吨，步幅1.8米，臂长0.9米，牙齿50~60枚，生活在距今8 500万—6 550万年的水畔沼泽或热带丛林。如今，皮氏暴龙足迹与斯坦被放置在一起，接受恐龙“信徒”的膜拜。

为了更好地保护与展示这块皮氏暴龙足迹化石，费蒙童军牧场配合相关部门做了一系列工作。最初，他们在足迹化石旁围起栅栏，但栅栏和告示牌怎么也挡不住游客的好奇之手，毕竟亲手触碰一下暴龙足迹是多么过瘾的事情啊！然而，什么足迹化石都经不起反复抚摸，所以牧场最终为这个足迹建了一个铁皮小屋，并围上铁丝网，除学者外其他人只能隔网参观，以此保障暴龙足迹的安全。

3.8.2 南国有霸王

多年前，我在阅读关于暴龙足迹的论文时，就心潮澎湃。寻找最大的足迹和最小的足迹，是我的梦想之一。但这些巨大的肉食性恐龙足迹非常稀少，暴龙足迹又只在美国新墨西哥州有发现，暴龙类足迹目前则主要分布在美国的科罗拉多州、怀俄明州、蒙大拿州和加拿大不列颠哥伦比亚。而且，中国发现的大多数恐龙足迹都属于侏罗纪和早白垩世，即使晚白垩世的足迹记录也是寥寥无几，更别说位于食物链最顶端的暴龙类的足迹了。

2019年，福建省英良石材自然历史博物馆执行馆长钮科程给我发来一张照片，并告诉我赣州地界的一支施工队在修路清理石头的时候，发现一块巨大的红色砂岩上有一个奇形怪状的印记。施工队找人联系了钮科程，告知他这个印记看起来像是一只恐龙或者某种巨大的三趾动物留下的。我看到照片之后问的第一个问题，就是足迹有多大。因为足迹照片没有比例尺，以地面的杂草作为参照来看，这个足迹的确不小，可能是一个重要的发现。

失而复得的中国暴龙足迹（英良石材自然历史博物馆/供图）

遗憾的是，钮科程后来

未能联系上这支施工队，足迹也不知所踪，让我感到十分遗憾。但事情在两个月后有了转机，一位户外爱好者徐承华联系上我，说赣州民间收藏界流转着一块好像是恐龙足迹的大化石，长度达58厘米。我听到这个消息后，心里咯噔一下，它难道就是我在照片上看过的那个大脚印？看过徐承华发来的多张照片，我确定它正是之前不知所踪的那个大脚印，真是幸运女神眷顾！

很快，钮科程将这个标本征集到博物馆，我则从北京连夜飞往厦门，想尽快见到这个足迹。只见它爪痕尖锐，跖趾垫非常发达，有三个脚趾，其中第二趾尤其发达，它的旁边还保存有一个小小的外翻的突起，这很可能是大拇指的痕迹。所有这些证据都表明这个足迹与发现于美国的暴龙足迹非常相似，可被归入该足迹属。那么，这个足迹的主人到底是谁呢？

从足迹推断，它的造迹者体长可达7.5米。有趣的是，这与在赣州

虔州龙复原图（章浩臻/绘图）

本地发现的暴龙类——虔州龙的体长非常相似，后者的体长约为7.5~9米。而且，这个足迹的发现地和虔州龙骨骼化石的发现地相距不过33千米。从顶级掠食者的活动范围看，该区域的掠食者可能只有一种，所以此次这个暴龙足迹很有可能是虔州龙留下的。

2019年7月29日，这个发现由我和同行一起，以封面文章的形式发表在国内权威学术期刊《科学通报》上，并被中央电视台《新闻联播》节目报道。这是中国乃至亚洲首次发现暴龙足迹，对研究中国白垩纪末期恐龙动物群的分布与演化有着重要意义。

目前，这个恐龙足迹被收藏在福建省南安市的英良石材自然历史博物馆内。这个足迹化石尺寸惊人，是目前中国最大的肉食性恐龙足迹之一，有兴趣的朋友可以去一睹它的风采。

3.9 韩国白垩纪恐龙海岸

3.9.1 半岛龙世界

在朝鲜半岛的西部与南部，有一大片美丽的海岛，从飞机上俯瞰，就像仙女散落在翡翠世界的珍珠。之所以言其美，是因为这些岛屿如积金岛、狼岛、木岛、沙岛、周岛……一年四季都有着优美的景色，春季的踯躅花、夏季的瀑布、秋季的枫叶、冬季的雪景。更重要的是，这里的海水有着优质的水色，把海洋最柔情和最美的一面展现给世人。

如果有一只无形的大手能将这些岛屿与朝鲜半岛拼合起来，就会回到距今8 000万年的白垩纪。那时的朝鲜半岛四季并不分明，只有旱季和雨季交替。旱季时很长时间都不下雨，只有火热的太阳照射着大地，就连恐龙帝国的王者——特暴龙家族也觉得生存无比艰辛。

在半岛广袤的森林里，特暴龙家族最小的成员“斑点”出生了，并幸运地成为王位继承者。它的童年无忧无虑，充满好奇心。但是，这种美好的生活在它即将成年时被击碎了——凶猛残暴的独眼暴龙袭击了特暴龙家族。原本昌盛的家族变得七零八落，斑点不得不挑起重担，带领族群中的年轻一代，合力对抗觊觎王位的独眼暴龙和卑鄙的伶盗龙群，还要面对恶劣的自然环境。最终，斑点能否战胜暴戾的“独眼”和大自然的挑战，重建美好的家园呢?

这就是韩国3D电影《斑点：朝鲜半岛的恐龙》的剧情梗概。电影导演韩相浩借纪录片《朝鲜半岛的恐龙》大受欢迎的东风，将韩国恐龙用好莱坞的手法进行一番包装，推出了这部动画片。影片于2012年1月底上映，首周的观影人次便达到33万，创下了韩国本土动画片首周票房的最高纪录。为了最大限度地还原真实的古世界，韩相浩还聘请了多位韩国顶尖的古生物学者作为顾问，其中不乏我的好友。

自从1972年韩国庆南河东郡首次发现恐龙蛋化石以来，韩国便拉开了恐龙大发现的序幕。但这幕大戏的主角并非恐龙化石，而是成千上万的恐龙足迹。如今，韩国已经成为世界上名列前茅的恐龙足迹发现国，仅在其南海岸地区就发现了近一万块脚印化石。

下面就让我们从影片顾问的角度，看看恐龙足迹到底为《斑点：朝鲜半岛的恐龙》做出了哪些贡献吧。

3.9.2 飞奔的恐爪龙

2008年，韩国首尔教育大学地球科学系的金正律教授在韩国周岛首次发现了恐爪龙类足迹，并将其命名为哈曼驰龙型足迹（*Dromaeosauripus hamanensis*），种名哈曼，意指化石来自哈曼组地层。当时，这类足迹只发现于中国，韩国的这一发现无疑大大拓展了此类足迹的分布范围。有趣的是，通过计算，金正律发现这种恐龙足迹的造迹者臀高约70厘米，奔跑速度达到每秒5米，行迹呈直线。它是不是正在被更大的肉食性恐龙追杀，逃命之余在这个湖畔留下了足迹呢？目前学者还不能肯定这一点。不过，这只快速奔跑的恐爪龙已经化身为电影中的“坏蛋”配角伶盗龙群，在主角身旁龇牙咧嘴。

3.9.3　蜥脚类恐龙托儿所

2008年，韩国国家文化遗产研究所下属的自然遗产中心的古生物学家，在韩国庆尚北道英阳县发现了距今1.1亿年的大片恐龙足迹。最特别的是，这些恐龙足迹多半是幼年恐龙留下的。

这些足迹是那么小、那么集中，于是古生物学家怀疑这个区域是一个极为罕见的恐龙“托儿所”。他们对这一地区进行了深入考察，在大约425平方米的范围内相继发现了61个幼年蜥脚类恐龙足迹，以及一些其他幼年恐龙留下的印记，从而证明了这里是罕见的幼年恐龙的活动场所，也是目前发现的世界最大的恐龙“托儿所”。

我们知道，蜥脚类恐龙是一类非常庞大的动物，体长最大可达45米，成年的蜥脚类几近无敌，但幼龙却很容易受到天敌的伤害，所以它们的幼年期非常短，会以异速生长（不成比例的生长关系）模式飞速生长。所以，这些小家伙的足迹能保留下来，是非常困难的事情。

电影中那群恐龙宝宝在一起嬉戏打闹的场景，是不是很可爱呢？

3.9.4　最小恐龙足迹

目前已发现的世界最大的兽脚类足迹，很可能是暴龙留下来的。那么，世界最小的兽脚类足迹是什么呢？答案是：发现于苏格兰隐云岛的足迹，它仅有1.78厘米长、1.16厘米宽，吉尼斯世界纪录还专门为它颁发了世界最小的恐龙足迹证书。

不过，这个纪录后来被刷新了。2009年，韩国自然遗产中心的古生物学家在庆尚南道南海郡昌善面，距今约1.25亿—1.12亿年的地层中

找到了一些极小的恐龙足迹化石。足迹长1.27厘米、宽1.06厘米，比第五套人民币的1角硬币还要小一些。负责鉴定这批脚印化石的韩国首尔教育大学的金正律教授推算，小型兽脚类恐龙脚印长度的4.5倍相当于它们从脚底到腰带位置的高度，因此留下这一脚印的恐龙臀高可能是5.7厘米，体长约为15厘米，跟现生的小鸡差不多大。经过仔细研究，这批足迹被归入小龙足迹，成为世界最小的恐龙足迹化石。虽然这个纪录后来又被刷新，但打破纪录的仍然是小龙足迹，长度仅为1.05厘米。

小龙足迹（邢立达/摄影）

3.9.5 最大恐龙足迹

1982年，韩国古生物学家杨城映宣布，他的团队发现了世界最大的恐龙足迹。

在釜山西南庆尚南道固城郡附近的一个名叫下二面德明里的海岸边，杨城映和他的团队发现了几百个大大小小的恐龙足迹，其中最大的长120厘米、宽64厘米。发现这些化石的地层属于距今1.2亿年的金东组下白垩统，根据当时的蜥脚类类群分析，留下这些足迹的可能是巨龙型类。杨城映推断，造迹恐龙的体长可达30~35米，体重为70~100吨。

此外，有的恐龙足迹上还清晰地保留了恐龙足部皮肤的似鳞状纹饰，成为稀世藏品。

有趣的是，这批足迹化石在床足岩郡立公园之内，该公园是韩国八大不可思议的景观之一。因为载有这批足迹的岩石的模样好像饭桌桌腿一样，所以公园得名“双足”。

3.9.6 最大翼龙足迹

2009年3月底，韩国庆尚北道军威郡军威邑深山峡谷中又有了重大发现。这是一个长35.4厘米、宽17.3厘米的翼龙足迹，为非对称型，3个脚趾特点鲜明，属于典型的翼龙前足迹。根据足迹推断，造迹者的翼展至少在6米以上。

韩国发现的翼龙足迹（邢立达/摄影）

在此之前，韩国也发现过巨大的翼龙足迹，那就是1996年发布的尤汉里全罗南道足迹（*Haenamichnus uhangriensis*）。它的前足迹的长、宽分别为33厘米和11厘米，后足迹的长、宽分别为35厘米和10.5厘米。

军威郡的新发现显然刷新了这个纪录。韩国除庆尚北道以外，在庆南河东郡、泗川市、巨济市等地区也发现过翼龙足迹，但这些足迹的意义都不如军威郡发现的足迹重大，因为它不仅很大，而且保存完好。这表明朝鲜半岛曾经的确是恐龙的天堂，生活着多种翼龙。

3.9.7 缤纷鸟世界

毫无疑问，韩国是全球白垩纪鸟类足迹的研究中心，被誉为鸟类的天堂。截至目前，韩国遗迹属出现了大量土著种，世界上没有其他地方拥有如此密集且种类丰富的鸟类足迹，包括韩国鸟足迹（*Koreanaornis*）、固城鸟足迹（*Goseongornipes*）、金东鸟足迹（*Jindongornipes*）和印格鸟足迹（*Ignotornis*）等。它们大多属于鸻鹬类，这类水鸟大部分时间都生活在各种近水或湿地环境中，以软体动物和节肢动物为食。

其中，印格鸟足迹非常有意思，它于1931年由美国古生物学家莫里斯·梅尔命名，标本来自美国科罗拉多州白垩系达科他组，是一种带蹼的古老鸟类足迹。印格鸟足迹有着相对长的、翻转的第一趾，第三趾和第四趾之间的半蹼构造将它和北美洲已知的所有其他白垩纪鸟类足迹区分开。印格鸟足迹的这些特点最接近于现生鸟类小苍鹭的足迹，而不同于鸻鹬类这种典型的白垩纪水鸟足迹。清晰的平行和亚平行行迹表明，印格鸟足迹的造迹者具有群居行为；还有一些行迹则表明，印格鸟以异常的“曳步”和“停止”前进，这很可能与某种“搅拌”觅食行为有关。如今，韩国庆尚南道昌善也发现了这种鸟类足迹，距今1.1亿年，长约5.1厘米，宽约4.5厘米，为研究印格鸟足迹的古地理分布提供了新的线索。

除了这些令人眼花缭乱的恐龙足迹，近10年间，韩国还发现了一批其他化石，包括：恐龙牙齿和皮肤印痕化石，翼龙骨骼和牙齿化石，龟类和龟蛋化石，鳄鱼颅骨和牙齿化石，木化石，等等。这些重大的发现促使韩国学者撰写了一大批关于白垩纪脊椎动物足迹和骨骼的论文，提高了那些出产高质量和高科学价值足迹地区的知名度。全罗南道的和顺、海南、宝城、丽水、庆尚南道的固城郡，这些地区因为突出的足迹

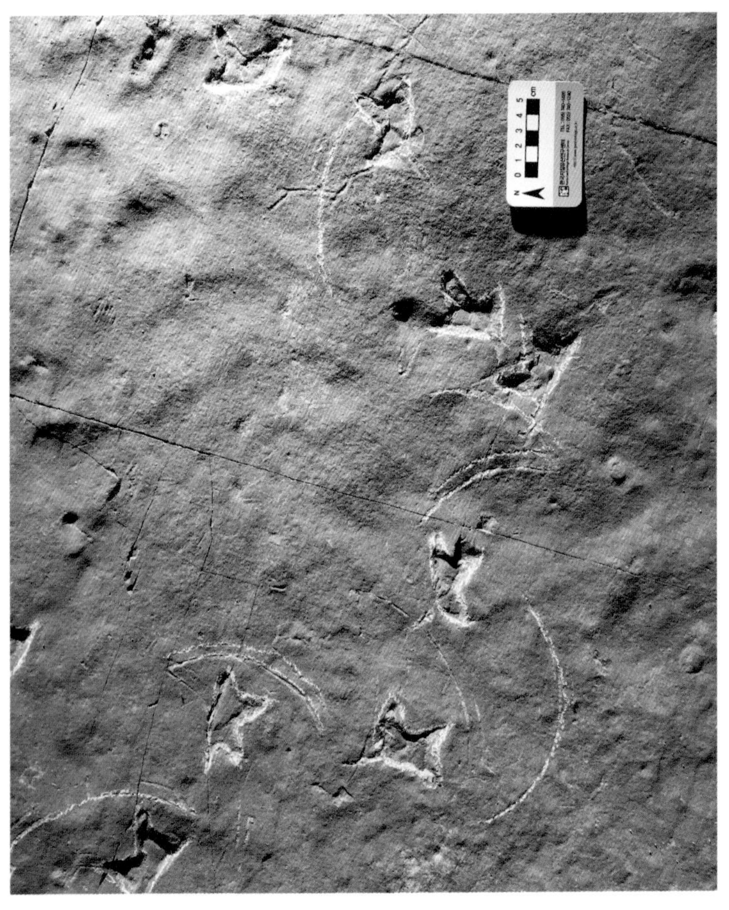

韩国发现的印格鸟足迹（邢立达/摄影）

化石资源而被称为“韩国白垩纪恐龙海岸”（KCDC）。多个拥有国际地位的化石点被认定为韩国自然地标，而最好的化石点则被提名为世界遗产。

3.9.8 韩国的恐龙文章

2016年夏，刚回到北京，我还在烦恼沾满全身的花粉（来自加拿大布查特花园的25万株黄水仙和郁金香），但又必须马不停蹄地赶往韩国。北京飞韩国十分便利，仁川国际机场的各种通道和海关都有中文标

白垩纪恐龙海岸（邢立达/摄影）

识，海关工作人员的中文讲得也比较标准。由此可以看出，中国游客强大的消费能力正在改变着韩国。

和以往不同，我刚出海关便马上被引至文化遗产办公室在机场的贵宾室，之后又被保姆车一路送往距离机场5小时车程的固城郡。固城郡位于韩国南端，说起他们国家的恐龙，韩国人首先想到的就是固城郡。固城郡的海岸地层形成于约1亿年前的中生代白垩纪，在它那长达6千米的海岸线上，古生物学家发现了多个恐龙足迹化石。

庆南固城郡恐龙世界博览会每三年举办一次，和以往的游客身份不同，此次我是作为外国恐龙遗迹学者的身份来做会议报告和进行野外考察的。我们一行人分别来自中国、美国、澳大利亚和西班牙，各自手头

固城郡海岸岩石上的恐龙足迹（邢立达/摄影）

的研究项目都与韩国的恐龙足迹资源有些许交集。

1982年1月，在韩国固城郡南端的下二面德明里床足岩，首次发现了蜥臀类恐龙足迹。经统计，沿着6千米长的海岸线，地表沉积物上保存有兽脚类、鸟脚类、蜥脚类恐龙足迹化石共计约2 000个、行迹250道。每当退潮时，在海岸的岩石表面经常可以清楚地看到一道道并列的恐龙足迹，这里已经成为韩国亲子户外教学的必到之处。

自韩国首次发现恐龙足迹之后，韩国的足迹学研究一路高歌猛进，陆续在学术期刊上发表了近万个恐龙足迹，其中大多数都分布在固城郡。固城郡还发现了世界最小的、长度不足2厘米的肉食性恐龙足迹，以及世界最小和最大的蜥脚类足迹，长度分别是9厘米和115厘米。韩国人认为这个恐龙足迹产区可以跻身世界三大恐龙足迹化石产地，其他两个是美国科罗拉多州和阿根廷西部海岸。床足岩恐龙足迹于1999年被认定为韩国天然纪念物第411号，得到了政府的保护和管理。

总体来说，韩国恐龙足迹记录的非凡之处在于数量庞大、密度极高的鸟类足迹记录，几乎再现了白垩纪的美妙海岸，和如今一些海滩上密密麻麻的水鸟景象几乎没有区别。

固城郡本身可做的文章不多，而恐龙足迹的意外发现为其开辟了一条新的出路。从1999年开始，固城郡为了向全世界宣传其足迹化石地的学术价值和秀丽的自然景观，积极地筹建博物馆并举行恐龙世界博览会。

2004年8月，固城郡恐龙博物馆正式开馆，共4层，面积达到3 400多平方米，按照不同主题展陈了世界各地的恐龙和其他古生物化石模型，以及部分骨骼标本等。此外，该博物馆还有大量的青少年体验项目，包括“与恐龙一起”主题乐园，恐龙、化石、地层对话室，以及组

韩国恐龙足迹研究梦之队，左起依次为马丁·洛克利、安东尼·罗米略（澳大利亚）、邢立达、劳拉·皮纽埃拉·苏亚雷斯（西班牙）、“鹰眼”金景洙（Kyung Soo Kim）和林钟悳（Jong Deock Lim）（邢立达/摄影）

考察队在岛屿上考察恐龙足迹（邢立达/摄影）

装骨骼、比大小、与恐龙赛跑等游戏项目。

2006年，首届庆南固城恐龙世界博览会于4月14日到6月4日举办，会场包括唐项浦旅游胜地、特别博览场馆和床足岩郡立公园等地，以“恐龙、地球与生命的神秘”为主题举行了各种各样的活动，包括：“恐龙乐园庆南固城的前途”和展出全球化石、海洋爬行类、各种恐龙模型等的展览活动，抽奖，恐龙游乐场，恐龙探险，床足岩体验学习活动，国际恐龙学术会议，国际交流活动，等等。这次博览会成为世界恐龙足迹学界的一大盛典，复兴的恐龙足迹学也迎来了一次高潮。

主办方告诉我，2015庆南固城恐龙世界博览会实现了107亿韩元的净利润，为固城郡创造的经济效益估计为2 200亿韩元。现在大家普遍认为，在将恐龙足迹产业化的道路上，韩国固城郡可能是世界上做得最好的。比如，我们住宿的酒店和周边的农家乐随处可见各种恐龙的标志，酒店的门拉手是一个萌萌的小蜥脚类恐龙形象。蘑菇鸡、人参鸡是当地的名吃，鸡肉肉质细嫩，味道鲜美。来自西班牙阿斯图里亚斯恐龙博物馆的劳拉·皮努耶拉博士开玩笑说，兽脚类演化成鸟类，其中一个支系的终点站就是人类的肚子。

2016庆南固城恐龙世界博览会的时间跨度同样较长，为4月1日至6月12日，主题是“用恐龙的希望之光开启未来”，展场共由10多个主题展馆组成。既然以光为主题，自然少不了光之盛宴，各种灯光秀令人眼花缭乱。游客入场后不久就可以看到月光广场的“恐龙门”和“恐龙喷水台”等，五颜六色的灯和光束将游客带入了一个缤纷的恐龙世界。经过月光广场到达月光庭院，各种灯像宝石一样闪闪发亮，与春天盛开的鲜花相互映衬，虽然没有什么史前世界的神秘气氛，但类似的夜间开放活动迎合了“博物馆奇妙夜”的潮流，游客可以体验到一番别样的乐趣。

固城郡这座只有6万多人口的海滨小城已经把恐龙足迹的价值发挥到了极致，形成了多层次的恐龙足迹经济文化产业。固城郡的经验也正在被韩国的其他白垩纪恐龙海岸地区复制，可以预见在不远的将来，韩国的恐龙足迹事业会取得更加令人瞩目的成就。这里面有太多的东西值得中国足迹产地去学习和借鉴。

3.10 危险边缘，加拿大恐龙通道

“数百年前，我们的祖先有一个口口相传的神话。有一天，人们都外出狩猎了，只有忠诚的猎犬在守护家园。突然一只巨大的蜥蜴怪闯了进来，猎狗虽然都被拴住了，但还是勇猛地与怪物搏斗，直到咽下最后一口气。怪物离开后，留下了巨大的足迹，深深地刻在石头上……”这是来自西莫伯利部族的一个传说。

专程赶来的西莫伯利部族长老乔治·戴佳雷，身着传统服饰，点燃了手中铜盘内的鼠尾草、雪松和桦树“树舌”（桑黄，针层孔菌），并用鹰隼飞羽做成的羽毛扇扇起烟雾，向围成一圈的我们走来。长老的搭档、多伊格河部族前酋长加里·奥克用阿萨巴斯卡语唱起了悠扬的歌曲，呼唤他们祖先的亡灵，为脚下的土地和现场的人做净化。戴佳雷则对着每一位到访者扇起烟雾，大家双手接过烟雾，从头部开始让烟雾一路向下接触胳膊和腿。仪式结束后，戴佳雷操着一口口音浓重的英文讲起了本节开头的传说。

在加拿大求学期间，虽然我经常跟着导师在荒野中四处“狩猎”恐龙，但被原住民净化并被要求尊重这些大足迹，还是第一次。2015年夏，远古的足迹、古老的原住民和年轻的到访者走到一起，可谓是一场特别的邂逅。与日渐式微的原住民文化一样，加拿大不列颠哥伦比亚省的恐龙足迹也处于非常危险的境地。

3.10.1 化石战争中的“附带收益”

1909年，美国纽约自然史博物馆助理馆长布朗在蒙大拿州挖掘恐

龙骨架时从雇员口中得知，临近的加拿大艾伯塔省也有丰富的恐龙化石资源。次年，布朗率领考察队穿越国境线进入艾伯塔省。看到这里的地貌、地层与美国的蒙大拿州非常相似，他们判断这里肯定也是恐龙的墓地。不出所料，布朗在红鹿河谷和如今的艾伯塔省立恐龙公园内发现了大量的恐龙化石，从那里运回纽约的恐龙化石足足装了4车皮。

加拿大艾伯塔省发现大量恐龙化石的消息震惊了美加两国的媒体和公众。人们开始热议，美国人能否将加拿大土地上的恐龙化石径直带回美国？加拿大地质调查局的面子挂不住了，于是他们聘请了美国人查尔斯·哈左勒斯·斯坦伯格和他的三个儿子为加拿大发掘恐龙化石。斯坦伯格家族是近代著名的化石猎人和古生物学业余爱好者，他们发现过不少著名的恐龙化石。

斯坦伯格家族干劲十足，带领队伍来到布朗工作的区域，发动了一场挖掘恐龙化石的竞赛。如今，在加拿大自然博物馆、纽约自然史博物馆、伦敦自然史博物馆、芝加哥菲尔德自然史博物馆等全世界30多家顶级的古生物或者自然史博物馆内，都能看到来自斯坦伯格和布朗在艾伯塔省的战果。

查尔斯·哈左勒斯·斯坦伯格的儿子查尔斯·莫特拉姆·斯坦伯格更是一刻也不闲着，他拿着加拿大地质调查局的“尚方宝剑”四处挖掘，发现了各种各样的化石。他的一个窍门是，钻入地质学家论文的故纸堆，寻找那些零星的化石记录。

早在1920年，地质学家麦克里恩就描述过不列颠哥伦比亚省东北部和平河格辛组的恐龙足迹，这是加拿大首次发现恐龙足迹。但这个消息当时并未引起多少关注，毕竟，“化石战争”的主要战利品是骨头化石，而足迹化石被排在后边。不过，查尔斯可不这么看。1930年，他带着队伍赶赴此地，一边采集足迹化石，一边潜心做研究。

此地足迹的科学奥义也因此被揭示出来，它们包括大型两足行走的兽脚类恐龙足迹［和平河足迹（*Irenesauripus*）］，中型兽脚类恐龙足迹［不列颠哥伦比亚足迹（*Columbosauripus*）及白垩纪足迹（*Gypsichnites*）］，大型植食性禽龙类足迹［钝趾足迹（*Amblydactylus*）］，小型兽脚类恐龙足迹［和平足迹（*Irenichnites*）］，以及中型甲龙类足迹［四足龙足迹（*Tetrapodosaurus*）］。

其中，和平河恐龙足迹群是世界上首次被科学描述的白垩纪恐龙足迹群。

3.10.2 沉睡于水下的足迹群

20世纪中期，加拿大安大略省政府规划建设贝内特水坝，库区距离足迹群不远。皇家安大略博物馆的古生物学家为此做了一些考察工作，他们将保存较好的恐龙足迹翻模，并在原地保护了一些原始层位上的足迹。令人遗憾的是，恐龙足迹在那时依然是不起眼的丑小鸭，皇家安大略博物馆的工作自然也没有引起政府的重视。当省政府在20世纪70年代开始执行和平峡谷大坝的规划时，才猛然发现两个大坝之间的恐龙足迹群将被水库淹没。

由于工程已经开始实施，重新进行水坝规划的代价太高。迫不得已，政府只能邀请加拿大研究恐龙的专业机构——艾伯塔省德拉姆黑勒市的皇家泰勒古生物博物馆的学者前来进行抢救性挖掘。博物馆馆长菲利普·柯里接下了这个重任。在历时4年的工作中，菲利普团队将此地数以百计的恐龙足迹重新拍照和绘图，采集了大约90个原始足迹标本，并取得了一系列科研成果，其中包括加拿大首次发现的古鸟类足迹——水生鸟足迹（*Aquatilavipes*），以及许多新的恐龙行为学记录，比如大型鸭嘴龙类的群居特性，大大弥补了骨骼化石的不足。这些发现被媒体大量报道，在加拿大掀起了追捧恐龙足迹的热潮。

随着大坝的完工，和平河恐龙足迹群被水淹没，成为地图上的一个新名称——恐龙湖。虽然这里仍然是一个著名的恐龙足迹点，但大坝的修建导致这里彻底丧失了发展旅游业和开展科普教育的机会。

3.10.3　小男孩的大发现

加拿大不列颠哥伦比亚省的不倒翁岭是个袖珍型小镇，那里有大熊、小熊，还有和大自然保持着亲密关系的居民。2000年的一天，11岁的马克·特纳和9岁的丹尼尔·赫尔姆正在平板溪用轮胎玩漂流游戏，无意间发现溪涧边的岩层上有几处奇怪的痕迹，在阳光下显现出一个硕大的轮廓。这些奇怪的印记会不会是恐龙足迹呢？两个充满疑问的孩子将丹尼尔的父亲一路引到此处。

丹尼尔的父亲查尔斯·赫尔姆是当地的一名医生，他并没有将丹尼尔的发现抛在脑后，而是认真地写了一封信给皇家泰勒古生物博物馆馆长菲利普·柯里。

收到信的菲利普非常重视这个发现，他委派专门研究恐龙足迹的博士研究生理查德·麦克雷于2001年8月15日前往不倒翁岭，考察这批化石。

“毫无疑问，这是恐龙足迹化石，而且属于甲龙类。”多年后，理查德仍对此津津乐道，“其中一些保存较好的足迹上还能看到六角形的鳞

不倒翁岭古生物研究中心的甲龙行迹模型（邢立达/摄影）

理查德夫妇（邢立达/摄影）

片痕迹，真是精美绝伦。”更令人惊讶的是，理查德和查尔斯等人在2001年的考察中，在距离这批恐龙足迹仅数米远的地方竟然又发现了恐龙骨骼化石。

要知道，在全世界数以百计的恐龙足迹点中，有足迹却没有骨头几乎是一个铁律。大自然就是这般“顽皮”，什么事情总有例外，而丹尼尔和他的大人朋友们捧回了这个圣杯。这很可能是世界上首次在如此近的岩层中同时发现恐龙的足迹和骨骼化石。

虽然此次发现的恐龙化石不多，但其中却包括不列颠哥伦比亚省发现的第二块恐龙骨骼化石，而且属于加拿大最古老的恐龙，比艾伯塔省闻名世界的晚白垩世恐龙动物群还要早大约2 000万年。这个意外的收获让菲利普·柯里欣喜不已，他专程赶赴现场进行考察。最终，科学家在此地一共发现了26处足迹和一些碎骨化石。

这些充满好运的发现很快便占据了加拿大各大报纸科学版的头条。在省市议员的呼吁和热心人士的捐赠下，相关基金会很快便成立了，基金会的主席由查尔斯担任，基金会还资助成立了和平区不倒翁岭古生物研究中心。为了更好地保护与发掘这些珍贵的化石资源，理查德甚至中断了学业，与他同样学习古生物学的妻子丽莎·巴克利一起来到这里，尽心尽力地为不倒翁岭和周边地区积攒更多的化石财富。

理查德和丽莎开着一台道奇公羊皮卡车四处“狩猎”恐龙，查尔斯和丹尼尔也在业余时间加入了这一行列。他们陆续发现了许多恐龙足迹，包括数十个恐龙足迹点和上千个足迹，让世人有机会一窥和平河足迹群昔日的辉煌。此外，他们还发现了数百件古生物化石，包括古老的鱼化石、鱼龙化石，以及一具7 500万年前的长达10米的鸭嘴龙化石。凭借这些精美的化石和醉人的景观，不倒翁岭在2014年9月成为世界上第111个和北美洲第二个世界地质公园。

3.10.4 最后的机会

2015年春，理查德拨通了我办公室的电话，电话那头的他难掩激动的心情:“我的中国兄弟，在那该死的大坝之后，我们终于有了一次把事情做对的机会！”

我听得一头雾水，心里边还有点儿打鼓:“我的加拿大叔叔，你要对大坝做什么？”

“不不！我们可能发现了与和平河足迹群同时期的大面积足迹。”

这个新发现召集了中美多位优秀的恐龙足迹学家奔赴加拿大，投入到初步的考察工作中。新足迹点位于不列颠哥伦比亚省东北部的威利斯顿湖地区，距离温哥华市东北大约1 500千米。它最早由查尔斯·赫尔姆于2008年10月5日发现，当时他看到的是暴露在地表的几个三趾型足迹，10月16日赶来的理查德乘坐直升机从空中观察了这个足迹点。

理查德立刻意识到它光明的发掘前景，虽然暴露在地表的足迹不多，但足迹层露头很大且呈水平状，面积超过300平方米。假以时日，足迹层露头的面积很有可能会扩大到1 000平方米左右，届时数以百计的足迹将重现和平河足迹群的荣光。

经过多年的筹措，理查德终于赶在2015年寒冬到来之前集结了国际团队和足够的志愿者前往威利斯顿湖化石点。当我从颠簸的全地形车上跳到岩层上的时候，我即刻明白了理查德为何会在电话中如此激动：这里的岩石特性与我们在博物馆看到的和平河足迹层几乎一模一样。我们搭建了营地，挂上了防熊警报器，并开始了为期半个月的初步挖掘。

随着挖出的渣土堆不断升高，我们移除了300平方米左右的浮土和植物，当地质锤击穿风化的岩层，"乓"的一声震得手麻的时候，我停下来，扫开地面，发现自己挖到了一层非常结实的砂岩，在放大镜下可以看到一些黑色的条状物，那是来自早白垩世的有机质，也就是碳化植物的残片。这意味着我们已经触及了足迹层。

化石点工作现场，考察人员在清理足迹面（王申娜/摄影）

半个月之后，我们看到了一个多样性较强的足迹群，包括大型鸟脚类、兽脚类、可能的镰刀龙类，甚至还有蜥脚类足迹。而且，这些恐龙行走时的方向性很强，表明此地很可能是距今约1.17亿—1.15亿年恐龙往来觅食或迁徙的主要通道。

此地可能存在镰刀龙类恐龙足迹，这一点最令我们兴奋，因为镰刀龙类本身就是非常特殊的存在。从外观上，镰刀龙类长着一个长脖子，大腹便便，前肢上的大爪子相当吓人，脚上还有4个大大的脚趾。这让它看起来类似于蜥臀类中的蜥脚类恐龙，但它腰带骨中的坐骨和耻骨靠后，与鸟臀类恐龙相似。这些特征使得有些早期的古生物学者以为镰刀龙类是一类存活到很晚期的原始恐龙，也是蜥臀类与鸟臀类的中间物种。随着化石记录的增加，现在我们知道，镰刀龙类其实是典型的肉食性兽脚类恐龙，但它们的食性发生了很大的变化，从肉食性转变为植食性。镰刀龙类的数量不多，足迹更是少见。有学者从一些具“蹼”的足迹大胆猜测它们擅长在水中捕鱼，但我们新发现的足迹化石表明，镰刀龙类的脚可能没有这种构造，先前的揣度不过是足迹保存不佳引起的误解，镰刀龙类应该是完全陆栖的恐龙。

暴露局部的足迹面，足迹种类比较丰富（邢立达/摄影）

我们在这座足迹的宝山上连日工作，采用各种手段获取数据，除了传统的摄影和测量，还利用

可能是镰刀龙类的足迹（邢立达/摄影）

高分辨率的3D成像技术拍摄现场，制作具有高保真度的乳胶足迹复制品。之所以如此卖力，全因为我们一直对那可怕的水坝造成的巨大损失耿耿于怀。

随着野外考察的结束，我们返回了各自所属的机构。理查德整理了考察数据并形成报告，还发起了筹款活动，为接下来的野外工作和推广募集经费。如果能得到适当的经费支持，威利斯顿湖恐龙足迹群完全有潜力发展成一个原址博物馆，就像中国的自贡恐龙博物馆那样。

理查德的愿望非常美好，但5年的时光悄然而过，这件事却依然毫无进展，大片的恐龙足迹在荒野中逐渐被杂草覆盖，参加过挖掘的恐龙学家都心疼不已。我们只能寄希望于在原住民所信奉神灵的庇护下，它们能保存得久一些，至少不要再被大水淹没。毕竟，这已经是我们一睹加拿大西部早白垩世恐龙盛景的最后地点了。

至于理查德夫妇，他们在2019年被和平区不倒翁岭古生物研究中心以经费有限的名义扫地出门，现在处于失业状态，但他们依然在为威利斯顿湖恐龙足迹群的研究和保护而不停奔走。

想到这里，我觉得中国的古生物学者是幸运的。

附录

国际年代地层表（节选）

宇（宙）	界（代）	系（纪）	统（世）	GSSP年龄值（Ma）
				现今
显生宇	新生界	第四系	全新统	0.0117
			更新统	2.58
		新近系	上新统	5.333
			中新统	23.03
		古近系	渐新统	33.9
			始新统	56.0
			古新统	66.0
	中生界	白垩系	上白垩统	100.5
			下白垩统	~145.0
		侏罗系	上侏罗统	163.5 ± 1.0
			中侏罗统	174.1 ± 1.0
			下侏罗统	201.3 ± 0.2
		三叠系	上三叠统	~237
			中三叠统	247.2
			下三叠统	251.902 ± 0.024
	古生界	二叠系	乐平统	259.1 ± 0.5
			瓜德鲁普统	272.95 ± 0.11
			乌拉尔统	298.9 ± 0.15
		石炭系	宾夕法尼亚亚系	323.2 ± 0.4
			密西西比亚系	358.9 ± 0.4
		泥盆系	上泥盆统	382.7 ± 1.6
			中泥盆统	393.3 ± 1.2
			下泥盆统	419.2 ± 3.2

宇（宙）	界（代）	系（纪）	统（世）	GSSP年龄值 (Ma)
				419.2 ± 3.2
显生宇	古生界	志留系	普里道利统	423.0 ± 2.3
			罗德洛统	427.4 ± 0.5
			温洛克统	433.4 ± 0.8
			兰多维列统	443.8 ± 1.5
		奥陶系	上奥陶统	458.4 ± 0.9
			中奥陶统	470.0 ± 1.4
			下奥陶统	485.4 ± 1.9
		寒武系	芙蓉统	~497
			苗岭统	~509
			第二统	~521
			纽芬兰统	541.0 ± 1.0

资料来源：国际地层委员会（www.straigraphy.org），2020 年 1 月

注：所有全球年代地层单位均由其底界的全球界线层型剖面和点位（GSSP）界定，包括长期由全球标准地层年龄（GSSA）界定的太古宇和元古宇各单位。图件及已批准的GSSP的详情参见国际地层委员会官网。

年龄值仍在不断修订；显生宇和埃迪卡拉系的单位不能由年龄界定，而只能由GSSP界定。显生宇中没有确定GSSP或精确年龄值的单位，则标注了近似年龄值（~）。

已批准的亚统/亚世简写为上/晚、中、下/早；第四系、古近系上部、白垩系、三叠系、二叠系和前寒武系的年龄值由各分会提供；其他年龄值引自格拉德斯泰因（Gradstein）等主编《地质年代表 2012》。各单位的颜色依据世界地质图委员会的色谱(http://www.ccgm.org)。本图件的原始版本由K. M. 科恩（K.M. Cohen）、D. A. T. 哈珀（D.A.T. Harper）、P. L. 吉伯德（P. L. Gibbard）和樊隽轩绘制，此处有所简化。